法政大学イノベーション・マネジメント研究センター叢書 | 22

現場の声から考える人間中心設計

橋爪絢子・黒須正明 ［著］

共立出版

はじめに

　人間中心設計（以下 HCD: Human Centered Design）というアプローチは、ISO（JIS）規格によって提唱され、国内においては HCD-Net という組織の構築によって後押しされ、多くの企業に採用されるに至っており、さらに今後の展開が期待されている。本書は、そのベースとなった ISO 規格の JIS 原案作成委員会分科会の主査であった黒須（ISO 13407:1999）と JIS 原案作成委員会本委員会の委員長であった橋爪（ISO 9241-210:2019）が、当時の内外の状況や規格に盛り込めなかった考え方などを含め、規格群の形成のあとを辿り、規格を中心にして HCD の将来の構想を語るものである。なお、ISO 9241-210:2019 は、2021 年春に JIS Z 8530 として成立したばかりであり、この機に本書を発行することには、その内容紹介を含めて大きな意味があるだろう。

　本書の PART 1 では、規格成立までの動向や、各規格の特長を解説する。さらに PART 2 では、産業界の各分野における第一線の陣容をなす人々へのインタビューを掲載し、各分野における HCD の考え方の実態や HCD に関連する規格の受容の仕方、規格に対する現場からの意見などをまとめている。各企業が規格に対してどのような対応をしているかを同業他社の関係者に知らしめる役割も持っている。ただし、実態を忌憚なく話していただくため、企業名やインタビューをお願いした方々のお名前は伏せて、匿名でご登場いただくことにしたことをお断りしておく。ユーザビリティや UX の関係者の間では、同業他社の動向を知りたいというニーズが高く、本書はそうした声にこたえるものになるだろう。

　消費者に受け入れられやすい、つまりよく売れる製品や利用されるサービスを開発することは、企業活動における最重要課題である。従来は、そうした目標を新機能や意匠デザイン、低価格などによって達成しようとしてきたが、しばらくして、製品は市場に出したら売れればいいのか、サービスは利用される

だけでいいのか、という反省が起きてきた。売れるだけ、利用されるだけでは単発ではないか。顧客にリピーターになってもらうこと、カスタマーロイヤルティを高めることが大切ではないか、という当然の反省が生まれたわけである。製品やサービスを通じてブランドロイヤルティを確立すべきである、という考え方にもなる。

　そのために何が必要かを考えると、一度の購入や利用で消費者のニーズが完結してしまわないこと、そして、再度の購入や利用において同じもの、あるいは同じブランドのものを消費者が選択してくれることが必要と考えられた。もちろん、製品の場合にはライフサイクルの長短があるため、次の購入機会までに相当の期間が空くことも考えられる。しかし、いずれにしても消費者が当該製品やサービス、ないしは当該ブランドを選択してくれれば、企業としては安心することができる。このときに鍵となるのがUX、すなわちユーザエクスペリエンス（ユーザ経験、ユーザ体験）である。HCD関連の規格で、当初中心となっていた概念はユーザビリティだったが、その後、UXという考え方が関係者の間に広まったことをうけて、規格でもUXについてその位置づけを明示するようになった。本書のPART 1では、その動きにあわせて、まずはユーザビリティについて説明し、次いでUXを含めて解説を行うようにした。

　なお、UXを論じるにあたり理解しておいたほうがいい概念として、顧客、消費者、ユーザ（利用者）の3つがある。顧客というのは、製品を購入したりサービスを利用してくれる可能性のある人々を企業サイドから見て表現するもので、消費者というのは、どちらかといえば企業サイドではなく生活者の側から顧客に相当する人々を表現するもの、ユーザというのは、製品を購入したりサービスを利用した時点で消費者から変化する生活者のことである。

　さて、UXというのは、Uすなわちユーザに関わるものであるため、基本的には顧客や消費者の段階ではなく、人工物の利用を始めた時点以降の生活者の経験や体験をいう。もちろん、UXにはユーザが過去に経験したことや製品やサービスに期待していることも含まれるが、それだけでは単なる記憶や期待であり、経験というには不十分である。やはり、そうした段階を経たのちに、ユーザが製品やサービスを利用してどのような経験をするか、そしてそれに対

してどのような感情的ないし感性的な反応をするかということが重要である。

　ユーザが自分の経験に対してポジティブな感情や感性を抱くことができれば、ユーザはその製品やサービスについて肯定的な態度をとるようになり、企業側からみれば、カスタマーロイヤルティが確立できることになる。そのような意味で、UX は消費者がユーザとなってからの段階が中心になる。つまり企業から一旦手離れした段階が中心になるものだが、企業の視点にたったときには重要な概念なのである。

　さて、HCD の考え方が提起されて以来、消費者のニーズや生活者が売買の場面を後にし、利用の現場でユーザとして製品やサービスを実体験したときの UX が重要であることが明らかになり、同時に UX のなかでも特にユーザビリティの高い製品や受容性の高いサービスが重要であることも明らかになってきた。そのため、製品やサービスを設計するプロセスにおいて、ユーザのニーズを的確に把握することが大前提として受け止められるようになった。こうしたものづくりやことづくりの現場における考え方の転換をもたらす契機となったものの一つが、20 世紀末に登場した ISO（JIS）の規格群である。本書のPART 1 では、そうした規格群が制定された背景をたどり、それらのキーポイントを押さえることによって、HCD がどのようにして提起され、普及してきたのか、さらに、その将来はどうなるかを概観した。

　また、HCD の考え方はまだ普及の途上にあり、残念ながら、すべての製造業やサービス業関係者に周知されているとは言えない。また、HCD を知っている人がいる企業でも一部の人々の間にしか知られていないこともあり、設計プロセスにおいて HCD のすべての要件が満たされているわけでもない。そのような現状を知っておくことは、今後の企業活動の進め方を考える際に重要な手掛かりとなるだろう。本書では、PART 2 として合計 12 の企業で実践活動にあたっている方々を対象としたインタビューを実施し、その書き起こしをリライトしたものを掲載している。それらのインタビュー内容の要約と分析については最後の 12 章の著者対談を読んでいただきたい。こうした実践事例を知ることは、HCD のどこが実用的でありどこが理念的であるのか、基本的枠組みとしての ISO（JIS）規格をどのように受容すればいいのかなどを考えると

きに有用なものだろう。また、企業活動においては、規格に書かれている内容を教条主義的に受け止めているところはなく、事実や現状を現場からの声としてまとめられているのも重要な点であるといえる。

　本書を活用して、読者なりの HCD の受容の仕方をお考えになり、それを実践に生かしていただければ幸いである。

橋爪絢子・黒須正明

　本書は、法政大学イノベーション・マネジメント研究センターの 2021 年度研究書出版補助費の助成を受けて刊行されたものである。また一部に、東京都立大学ローカル 5G 研究の研究支援による内容も含む。

目　　次

	Usability		HCD	
	ISO	JIS	ISO	JIS
1998	ISO 9241-11:1998			
1999		JIS Z 8521:1999	ISO 13407:1999	
2000				JIS Z 8530:2000
2001				
2002				
2003				
2004				
2005				
2006				
2007				
2008				
2009				
2010			ISO 9241-210:2010	
2011				
2012				
2013				
2014				
2015				
2016				
2017				
2018	ISO 9241-11:2018			
2019			ISO 9241-210:2019	JIS Z 8530:2019
2020		JIS Z 8521:2020		
2021				JIS Z 8530:2021

ISO と JIS の対応関係の年表

PART 1

人間中心設計の規格化

1

技術中心設計の時代

　産業革命や流通市場の形成以来、人々は技術の進歩による恩恵を受けてきた。新しい生産技術や流通技術、運搬技術、備蓄技術などの開発は、市場を活性化させるのに役立った。ついで設計技術や製造技術が新しい市場形態をつくるようになったのは19世紀からといえるだろう。

　例えば18世紀末に開発されたワットの蒸気機関は19世紀に入ってから改善され爆発的に普及したという。また19世紀になると、1868年のエジソンによる電気投票記録装置、1876年のベルによる電話機、1879年のスワンやエジソンによる白熱電球の発明等、電気というエネルギーが技術開発に革命的な流れを生み出し、様々な製品開発が行われるようになった。

　ただし、産業革命以来の工業化の進展は大量生産と大量消費を促進したものの、デザインの品質はあまり顧みられることがなかった。そうしたなか、モリスが主導した1880年代のアーツアンドクラフツ運動は、中世の手作り工芸品を再評価し、生活用品の感性的な側面を重視した。それ以降、アールヌーボーやアールデコによる家具や食器などのデザイン性の強調、ウィーン工房やドイツ工作連盟、バウハウスによる建築や工芸、デザインにおける意匠の重要性に人々の注意を向けさせる結果につながった。さらに、その後の機能主義デザインやモダニズム、北欧デザイン、ポストモダンデザインなどの流れのなかで、意匠デザインや造形性が製品の魅力の向上に大きな役割を果たすようになった。このように、技術が製品開発を主導したことと並行して、意匠の感性的側面はそれなりに重視され、消費者の受容性を高めてきた。

　こうした流れのなかで、蛍光灯、扇風機、トースター、電気洗濯機、電気冷

蔵庫、電気アイロン、電話、電車、自動車、電気掃除機、電動エレベーター、ラジオ、蓄音機、テレビ、ビデオレコーダー、ステレオ、電気釜や電子レンジなどといった新しいカテゴリーの製品が次々とつくり出され、人々は技術の進歩の恩恵を享受して、生活は質的に向上した。

ただ、これらの新しい製品カテゴリーにおいて、デザインは消費者の感性的側面における受容性を高めたとはいえ、製品の機能を前提とした、いわば「皮かぶせ」デザインであった。デザインにおいては、まず機能が優先され、「骨格」である機能にどのような意匠という「皮」をかぶせて感性的受容性を高めるか、ということが重視された。製品コンセプトは、製品のもつ機能によって決定され、デザインはそうした機能的部品に皮をかぶせるに過ぎなかったともいえる。

それは、テレビゲーム機やパーソナルコンピュータなどの全く新たなカテゴリーの領域においてもいえることだった。言い換えれば、デザイナーが製品のコンセプトづくりを主導することは少なかったのである。また、自然の成り行きではあるが、デザイナーの声が的確にモノづくりに反映されにくい状況では、ユーザの声は設計者には届かず、その代弁者もいなかった。デザイナーには、タウンウォッチングといって街中を歩いて人びと（つまりユーザ）の様子を眺める習慣をもっている人たちがいた。それは今でいうエスノグラフィックなアプローチの先駆的なものではあったが、ユーザの観察が設計の上流工程として明確に位置づけられ、製品のコンセプト設計に至ることは多くはなかった。つまり、設計者の技術力とデザイナーの感性だけでものづくりが行われていたといえる。

こうした状況でも、ユーザを満足させる製品やサービスが開発されなかったわけではない。エンジニアも家庭に戻れば生活者であり、サンプル数が少なく、また偏りのあるものであったとしても、生活者の実態やニーズについて、それなりの情報を得ることはでき、それが彼らの設計内容に反映されることはあった。エスノグラフィックなユーザ調査が実施されていなかった20世紀の製品開発やサービス開発でも、それなりに製品が売れ、サービスが利用されていたのは、そうした理由によるといえるだろう。

ただ、問題は歩留まりである。エンジニアが自分の経験や思い込みで設計を

行った場合、当たりもあれば、はずれもあった。また、エンジニアは人間の特性、特に認知心理学的な知見に乏しく、自分にできることはユーザもできるだろうと思い込んでしまう傾向があった。ユーザ全体の能力分布を想定したとき、自分の立ち位置（つまり、ある程度以上の知能があり、論理的な考え方を得意とする）を理解していない自己反省の欠如は、しばしばユーザビリティの低い製品を生み出してしまった。例えば同じようなボタンがたくさん並んでいるリモコンは、背景知識があり、理屈を知っているエンジニア自身にとっては操作が容易なものであっても、それに初めて接するユーザにとっては彼らの困惑を招き、ときには操作不安を引き起こすものでもあったのだ。こうした傾向の強かった 20 世紀の製品開発、そしてサービス開発というものは、極端にいえばユーザ不在の開発だったということができる。

　だが、技術的進歩に基づいた新製品がひとわたり人々の間に行き渡った 20 世紀後半になると、技術中心のものづくりの動きには革命的で新たな魅力は少なくなり、わずかに携帯電話や自動運転、ロボットと人工知能といった限られた領域にしか目立った技術的進歩はみられなくなった。このようにして、技術だけに頼っていたのでは産業全体が先細りになってしまうことが懸念されるようになったのである。

2

人間中心という考え方の必要性

　技術中心的な考え方をシーズ志向といい、消費者のニーズを中心に考えよう
とする考え方はニーズ志向と呼ばれることがある。シーズとは技術の種
（seeds）という意味で、主に新技術が開発された時、その技術を利用して何ら
かの製品やサービスに応用しようという取り組み方のことをいう。消費者の
ニーズを考慮することよりも企業側の論理や計画にしたがって製品やサービス
を市場に出そうとすることから、プロダクトアウト（product out）またはプ
ロダクト志向（product oriented）と呼ばれることもある。特に技術系の関係
者は、研究所などで活動を行って新たな技術開発を進めているが、技術目標と
製品開発の目標は異なっており、技術目標としては、例えば認識率や正答率の
向上、高速化や応答時間の短縮、高精細化、高集積化や小型化、軽量化、そし
て新規性などがある。これらの特性は、ユーザにとってありがたいものではあ
るものの、積極的な製品の訴求性には欠けることがある。したがって、目標を
達成した技術を適用したからとはいえ、市場において優位性の高い製品を開発
することにはつながらない。むしろ、技術開発は製品開発の目標から決定され
るべきものである、と考えるのが適切であろう。もちろん、製品開発も中長期
的な目標をもつことがあるので、即効性のある技術開発だけが優先されるべき
ではないが、技術開発は製品開発と連携して行われるべきものである。さらに
いえば、製品開発は市場の要求、すなわち消費者のニーズを考慮して行われる
べきものである。ある意味で、当然のこととも思えるこうした論理は、しかし
ながら、常に企業活動を先導してきたとはいえない。
　消費者のニーズを重視すべきだという立場は、マーケットイン（market in）

またはマーケット志向（market oriented）と呼ばれるが、それはこのような状況を背景にして強く認識されるようになった。20世紀には市場を重視しなければいけないというマーケティングの動きが活性化し、市場調査（マーケットリサーチ）という形で市場動向を把握しようとする動きも盛んになり、ライフスタイル論や世代論などが議論されるようになった。しかし、市場調査では、市場のマクロな動きを把握することはできたが、どのような製品やサービスを提供すればいいかという具体的な情報をマクロな情報から得ることはできず、ニーズ志向のアプローチはひとつの壁にぶつかることになった。

　この壁を打ち破ろうとする動きは、20世紀末に登場したユーザビリティ研究として結実した。人間工学や認知工学の知見を応用して、使いにくさやわかりにくさという問題を解決し、ユーザが満足できるような製品やサービスを提供しようという動きが登場したのである。この動きを背景にして、まずイギリスの人間工学関係者の間でHCD（Human Centered Design）という考え方が生まれた。そして、それらを概念化し、規格として整備しようとするなかから、ISO 9241-11:1998やISO 13407:1999という規格が生まれたのである。

3

ユーザビリティへの関心の高まり

　前述したように、技術中心的な製品開発では、技術的な先進性が優先され、消費者のニーズに適合するかどうかが不明瞭なまま製品の開発が行われることがあったり、できあがった製品やサービスがユーザにとって使いやすいものかどうかが二の次になってしまっていたりした。特に 1980 年代にパーソナルコンピュータが市場に登場し、マイクロコンピュータチップがさまざまな機器に搭載されるようになると、高性能化と同時に多機能化の傾向が強まった。多機能化の動きは利便性を向上させるように思える反面、特定の機能を多くの機能群のなかから選択しなければいけなくなることを意味する。それは選択肢を増やすだけでなく、操作ステップ数を長くすることにもなり、使いにくさを増すという結果につながった。

　コンピュータの利用に伴う利便性の向上に反して、対象物を使うための操作手順がわかりにくく、かつ難しいことについて、「これでは使えない」と最初に声をあげたのは、アメリカのノーマンという認知科学者で、1981 年のことだった。ノーマンは、論文の中で UNIX のインタフェースのわかりにくさについて述べたが、その当時は「ユーザビリティ（usability）」ではなく「アンユーザブル（unusable）」という表現を使ってコンピュータの使いにくさを指摘していた（Norman, D.A. 1981）。その後、ノーマンは『ユーザ中心のシステム設計（User Centered System Design）』（Norman and Draper 1986）という編著作で図 3-1 のような七段階モデルを使いながら、認知工学のアプローチの重要性を説いた。ノーマンはユーザビリティの概念に焦点化したが、特にユーザビリティの概念定義を行ったわけではなく、常識的な意味でユーザビリ

ティという言葉を用いていた。

　ユーザビリティの概念をきちんと整理したのは、人間工学を研究していたシャッケル（Shackel, B. 1991）や、ユーザビリティ工学を提唱したニールセン（Nielsen, J. 1993）である。以下の 3.1 節ではユーザビリティの重要性を強調したノーマンの考え方を、3.2 節では最初にユーザビリティの概念定義を示したシャッケルの考え方を、3.3 節ではユーザビリティの定義の洗練に貢献したニールセンの考え方を、それぞれ説明する。

3.1　ノーマンの考え方

　ノーマン（Norman, D.A. 2013）の行為の 7 段階モデルを部分的に援用すると図 3-1 のようになる。

　まず、機能選択をするためには、やりたいこと（例えば誰かになにかを伝えたい、などのゴール）を明確にしなければならない。これは生活におけるニーズに対応するから、できないということはまずないだろう。しかし、それをどのような手段によって実現するか（メールを使う、などのプラン）を明確にするためには、実現手段として可能性のある人工物（複数の場合がある）がイ

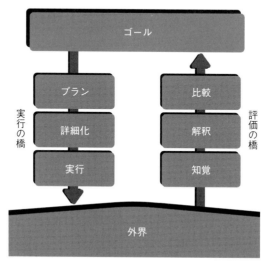

図 3-1　ノーマン（2013）の 7 段階モデル（行為の 7 段階理論のサイクル）

メージされなければならず、多数の選択肢（新規作成、転送、返信などの多数の機能）のあるものでは、その中から該当するものを正しく選ばなければならない。また、具体的にどのような手順で実行するのか（新規作成というボタンをクリックし、開かれたウィンドウに、送り先、タイトル、本文を入力し……などの詳細化）を想起し、それらを実行しなければならない。ユーザインタフェースにおける行動というのは、こうした認知的負荷を伴うものである。つまり、ユーザニーズに適合していること、すなわちユーザのゴールに適合した製品が存在することだけでなく、プランを立て、容易に詳細化でき、さらにそれを実行できること、すなわちユーザビリティの高いことも重要な要件になるのである。

3.2　シャッケルの考え方

　シャッケルは、図 3-2 のように製品が消費者に購入されたり、ユーザに利用されたりするという受容性（acceptability）は、ユーティリティ（utility）とユーザビリティ（usability）と好ましさ（likeability）との総和が費用（cost）とバランスするときに達成される、と考えた。

　まずユーティリティという概念は、「必要なことを機能的に実現できるかどうか」を意味している。別の場所で、シャッケルはユーティリティのことを機

```
ユーティリティ      -- 機能的に必要なことをやってくれるか
      ＋
ユーザビリティ      -- ユーザはそれをうまく働かせることができるか
      ＋
好ましさ            -- ユーザはそれが適切だと感じるか

      以上のことは次とトレードオフの関係にある

費用                -- 初期費用と運用費用はどのくらいか
                       社会的・組織的な結果はどうなるか

      結論的に到達するのが

受容性              -- すべてを考慮すると、購入するのに最も適切な選択肢である
```

図 3-2　シャッケルの受容性に関するモデル

能性（functionality）や使い勝手（useful）と言い換えてもいる。つまり、シャッケルにおいては、機能がちゃんと提供されていること、言い換えればユーティリティは機能性を意味していると考えることができる。

　ただし、機能が提供されていればそれでいいわけではない。機能性ということであれば、1980年代のコンピュータでもかなりの水準の機能が提供されていた。そこで「（機能はちゃんとあるのだけど）使いにくいコンピュータ」に対して持ち出されたのがユーザビリティという概念である。シャッケルは、ユーザビリティを「それを実際にちゃんと使いこなせるかどうか」と表現している。

　次の好ましさについて、シャッケルは「ユーザがそれを適切だと感じることができるかどうか」と説明している。好ましさは客観的なものではなくユーザの主観によるものであるが、後年ISO規格ができた際には、この考え方は満足（satisfaction）と表現された。機能が提供されているかや使いこなせるかどうかというような客観的に測定できる指標だけでなく、ユーザの感じる主観的な側面にも焦点をあてようとしたわけである。

　費用は、ユーティリティやユーザビリティ、好ましさのようにその水準が高いほど望ましいものとは反対に、できるだけ低い水準に抑えたい要因である。そこには初期費用ないし導入費用（initial cost, capital cost）と修理費用を含めた運用費用（running cost）が含まれている。費用には社会的結果や組織的結果も含まれており、例えば社員がシステムを使いこなせるようにするために多くの費用を社内教育にかけなければならないかどうか、といった点も重要になる。

　シャッケルは、ユーティリティとユーザビリティ、好ましさの3つが、費用との間にトレードオフの関係にあると述べている。要するに、ユーティリティやユーザビリティ、好ましさがとても高い水準であっても、価格が高くなってしまってはユーザに受容されないということである。つまり、ユーザがほどほどの費用をかけるだけで、ユーティリティやユーザビリティ、好ましさを享受できるようでなければならないことを示している。

　機能中心主義の時代の開発においてはユーティリティを高めることが最優先されてきたが、シャッケルの考え方はユーザビリティもそれと同程度に重要な

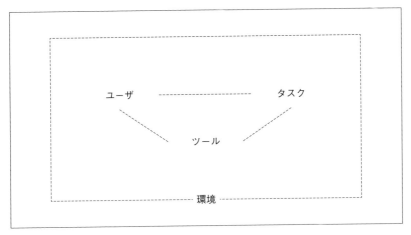

図 3-3　シャッケルの考えるマンマシンシステムの構造

ものであることを強調するものだった。そして、彼が提示しているユーザビリティの定義は次のようになっている。

> 「特定の範囲のユーザが、特定の訓練や支援のもとで、特定の範囲のタスクを達成するために、特定の範囲の環境的シナリオのもとで、人間の機能的な側面で容易に有効に利用できる特性のこと」

言い換えれば、

> 「人間によって容易に有効に利用できる特性のこと」

である。この背景には、図 3-3 のような概念モデルがある。この図は、ユーザ（例：営業担当者）が、タスク（例：営業報告書を課長に送る）を、ツール（例：メール）を使って、ある環境（例：出張先）で行う、ということを意味している。シャッケルは、この考え方にしたがって「特定の（specified）」という表現を多用し、ユーザや利用状況を明確にしようとしたわけである。なお、この「特定の」という表現は、シャッケルの弟子たちが中心になってまと

めた ISO 規格でも頻繁に用いられている。

　シャッケルは、ユーザビリティの要件として、効果（effectiveness）、学習可能性（learnability）、柔軟性（flexibility）、そして態度（attitude）を挙げている。まず効果とは、必要な範囲での利用環境において、特定の範囲（パーセンテージ）のユーザによって、必要な範囲でのタスクが必要なパフォーマンスの水準以上で達成されることである。学習可能性とは、所定の量の学習やユーザサポートによって、特定のタスクに就いて訓練を受けて特定の時間内に学習が成立し、あるいは間隔の空いてしまった場合の再学習が容易に成立することである。柔軟性とは、当初想定していた範囲よりも一定比率だけ範囲の広いタスクや環境にも対応できることである。態度とは、疲労や不快感、不満や個人的努力にかかわる人的費用が容認できる範囲内であり、満足できることによって持続的に、従来よりも高いレベルでシステムが利用されることである。これら 4 つの要件を定量的にチェックするということは、例えば効果についてであれば、それぞれのタスクが 2 秒以内で完了し、エラー率が 2 ％以下であること、などの基準を設定することになる。

　シャッケルの考え方は、当時の最先端のものであったが、それをさらに整備したものが後年、彼の弟子たちによって ISO 規格（まず ISO 9241-11:1998、その後 ISO 13407:1999）としてまとめられた。

3.3　ニールセンの考え方

　デンマーク出身でその後アメリカに渡り、現在は前述のノーマンとともに NNGroup 社というコンサルティング会社を経営しているニールセン（Nielsen, J.）は、ユーザビリティ工学（usability engineering）を提唱した人物である。ニールセンは、モーリック（Molich, R.）とともにユーザビリティ評価法のひとつであるヒューリスティック法（1990）を開発したことで知られている。ニールセンは、ユーザビリティ工学の考え方を紹介するなかで、ユーザビリティの概念に触れている。『Usability Engineering』（Nielsen 1993）のなかで、ユーザビリティという概念を、図 3-4 に示す 5 つの属性（学習しやすさ、効率の良さ、記憶しやすさ、エラーの少なさ、主観的満足）の集合として定義している。

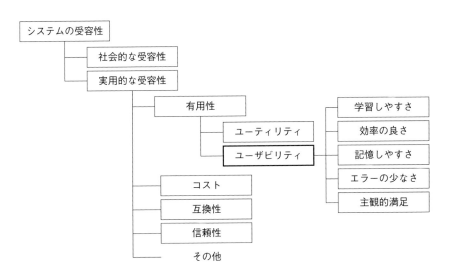

図 3-4　ニールセンのユーザビリティ関連の概念モデル

　図ではユーザビリティを太枠で囲んであるが、ニールセンのモデルのユニークな点は、ユーザビリティの上位概念と下位概念を示したことである。ユーザビリティの下位概念、つまりその中にどのような概念が含まれているかを示すことはしばしば行われているが、ニールセンは下位概念を示すことだけにとどまらず、上位概念としての品質特性を示し、ユーザビリティがどのような品質特性に位置づけられるかを示している。

　品質特性の最上位の概念はシステムの受容性となっている。受容性を最上位に位置づける考え方はシャッケルのものと大きく違わない。ニールセンは、受容性を次のレベルで社会的受容性と実用的受容性に区別している。社会的受容性とは、当該のシステムが特定の個人ないし少数の人々ではなく、広く社会一般で求められるものであるかどうかということである。また実用的受容性とは、その下に属する品質特性を満たしている場合に成立するものと定義している。ただし、シャッケルのように和記号（＋）などは使わずに、単にそれらを列挙するに留まっている。また、品質特性を列挙したのは、ユーザビリティも他の品質特性と同様に考えられると主張したいためであろうか、すべての品質特性を網羅した完全なものではなく、その他（etc.）という項目を含んでいる。

ともかく、品質特性のひとつとして有用性（usefulness）という品質特性を配置しており、それはユーティリティとユーザビリティから構成される形になっている。ユーティリティとユーザビリティを併置している点はシャッケルの影響と考えられるだろう。ユーティリティについては「システムの機能性がニーズを満たしているか」と定義しており、ユーティリティを機能性として考える点もシャッケル同様である。

　なお、ニールセンの定義したユーザビリティは、ユーティリティと対比的に位置づけられているが、現在主流となっている ISO 規格における定義は、機能や性能によってユーザが支援されることも含意しており、ニールセンの定義でいえば有用性（usefulness）に相当する大きなものである。そのため、ユーザビリティテストの結果をドキュメント化する規格（CIF: Common Industry Format）を審議する会議では、ニールセンの定義をスモール・ユーザビリティ、ISO の定義をビッグ・ユーザビリティと呼んで区別したことがある。

　ニールセンのユーザビリティの定義に相当するのが、その下位に位置づけられている5つの特性である。ニールセン（1993）から引用すると、次のようになる。

(1) 学習しやすさ（Easy to Learn, Learnability）：システムは、ユーザがそれを使ってすぐに仕事ができるように、学習しやすくするべきである。

(2) 効率（Efficient to Use, Efficiency）：システムは、効率的に使えるべきであり、それを学習したなら高い生産性をあげられるようにすべきである。

(3) 記憶しやすさ（Easy to Remember, Memorability）：システムは覚えやすくなっているべきで、それをしばらく使っていなかったユーザでも、すべてを最初から学習しなくてもいいようにすべきである。

(4) エラーがほとんど起きないこと（Few Errors）：システムのエラー率は低くすべきで、それを使っている時にほとんどエラーをおかすことなく、またエラーをおかしてしまっても容易にそこから回復できるようにすべきである。さらに、致命的なエラーが起きてはならない。

（5）主観的満足（Subjectively Pleasing, Satisfaction）：システムは使い心地がいいものであるべきで、ユーザが使用中に主観的に満足できるものであること、ユーザが好きになれるべきものである。

　ニールセンは、この定義に基づいてインタフェースのユーザビリティが適切かどうかを評価するヒューリスティック評価（heuristic evaluation）という問題発見の手法を提案している。この評価法は 10 項目からなるヒューリスティック原則に基づいて、ユーザビリティの専門家がインタフェースのプロトタイプや仕様書などをチェックするものであり、評価の現場で使われるヒューリスティック原則は、（1）から（5）までのユーザビリティの特性を拡張したものになっている。ただし、後年、モーリックからは、ユーザビリティの専門家はいちいち 10 項目の原則を確認したりはしないと批判され、ヒューリスティック評価よりもエキスパートレビュー（expert review）と呼ぶべきではないかといわれている。

4

ISO 9241-11:1998
（JIS Z 8521:1999）の規格化

　3章で述べたように、ユーザビリティという概念は、ノーマンによってその重要性が強調され、シャッケルによって概念定義が提示され、ニールセンによってその定義が洗練されるという経緯をたどってきた。これらのユーザビリティの概念を、ISO 規格（国際標準化規格）としてきちんと定義しようとまとめられたものが ISO 9241-11:1998「Ergonomic—Office work with visual display terminals（VDTs）—Guidance on usability」である。ISO 9241-11:1998 は公開の翌年に JIS 規格（JIS Z 8521:1999）「人間工学—視覚表示装置を用いるオフィス作業—使用性についての手引き」として公示された。JIS 化の際、usability という単語は「使用性」と訳されたが、使用性という日本語があまり一般に普及していなかったことから、ISO 13407:1999 を訳した JIS Z 8530:2000 のなかでは、「ユーザビリティ」と訳され、以後に発行される人間工学関連の JIS 規格ではそれを踏襲することとなった。

　そもそも ISO 規格には、各専門分野で構成された複数の技術委員会（TC: Technical Committee）が存在しており、人間工学関連の規格を扱う技術委員会（TC159）が ISO 9241 シリーズとして HCI（Human-Computer Interaction）の人間工学規格を制定している。TC159 で扱っている ISO 9241 シリーズは、表示装置や入力装置、作業環境などの人間工学的な項目を取りあげているが、その中で世間におけるユーザビリティへの関心の高まりを背景に策定された ISO 9241-11:1998 は、日本語に翻訳され、JIS Z 8521:1999 として公開された。そのタイトルは「使用性についての手引き（Guidance on Usability）」であり、ユーザビリティに関する ISO としての定義を与えている。JIS Z

8521:1999（ISO 9241-11:1998）では、使用性（ユーザビリティ）を、有効さ、効率、満足度の3つの要素によって構成される概念と定義し、以後の人間工学関連の規格に引用されることになった。

1998年以前に、使用性（ユーザビリティ）に関して言及した規格としては、ISO/IEC 9126:1992がある。使用性（ユーザビリティ）についても、「指定された条件の下で利用するとき、理解、習得、利用でき、利用者にとって魅力的であるソフトウェア製品の能力」と一応の定義はなされているものの、漠然としていて明確な定義にはなっておらず、対象もソフトウェア製品に限定されていた。JIS Z 8521:1999（ISO 9241-11:1998）では、その適用範囲について、「この規格は、VDTを用いたオフィス作業に対して適用する。さらに、利用者が目標達成のために製品とやりとりするようなその他の場合に適用してもよい」と記されており、原則としてVDT関連製品をターゲットとしているが、その他に拡張して用いることも許容している。

なお、ISO 9241シリーズには当初、「視覚表示装置を用いるオフィス作業（Ergonomic—Office Work with Visual Display Terminals（VDTs））」という限定的な内容を示唆するタイトルが付されていたが、2006年からは「人間とシステムの相互作用の人間工学（Ergonomics of Human-System Interaction）」という一般的なタイトルに変更された。

4.1　ユーザビリティの定義

JIS Z 8521:1999（ISO 9241-11:1998）では、使用性、つまりユーザビリティを「ある製品が、指定された利用者によって、指定された利用の状況下で、指定された目的を達成するために用いられる際の、有効さ、効率及び利用者の満足度の度合い」と定義している。簡単に言うと「あるユーザが、ある利用状況で、特定の目的を達成する際の、有効さ、効率、満足度の度合い」ということである。その下位概念などとの関係は、図4-1に示すとおりである。

文中「指定された」という語が目障りなほど出てくるが、元はspecifiedという単語であり、これは「指定された」という意味にもなるが、例えば「指定された利用者」という日本語表現では、そもそもユーザを「誰が」「何のために」「どうやって」指定したのか、という妙な疑問がわいてきてしまう。ユー

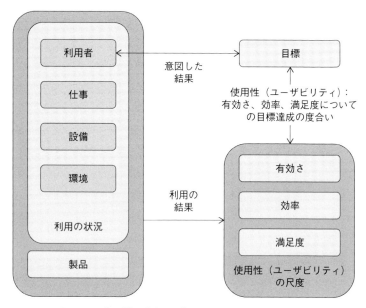

図 4-1　使用性の枠組み（JIS Z 8521:1999 を改変）

ザが、そしてその行動が誰かに指定されているという考え方はそもそもおかしなものである。しかし specified には「特定の」という意味もあり、そのほうが日本語の流れとしてはすっきりする。これは JIS 規格にした際の翻訳の問題点と考えるべきだろう。

　まず、図 4-1 では、図 3-3 に示したシャッケルの図との類似性が認められる。ただし、ここでは利用者（ユーザ）、仕事（タスク）、設備、環境がリストアップされ、その全体が利用の状況とされており、製品（シャッケルでいえばツール）はそれと併置される位置づけとなっている。ただし筆者らは、シャッケルの考え方のほうが理解しやすいと考えている。ここでは、設備と環境の違いがわかりにくいかもしれないが、設備は「（VDT に関連する）ハードウェア、ソフトウェア及び資材」となっており、製品としてコンピュータを考えた場合には、モニター、キーボード、マウス、外付けハードディスク、モデム、ルーター、プリンター、スキャナーなどが該当すると考えられる。また環境は「（製品が使用される）物理的及び社会的環境」となっており、LAN、作業場

所、什器、温度、湿度、作業慣行、組織構造、態度などが含まれている。な
お、製品（product）については「使用性を指定又は評価しようとする装置
（ハードウェア、ソフトウェア及び資材）」と定義されている。時代背景も関係
して、この規格ではサービスは対象に含まれていない。

　使用性（ユーザビリティ）の構成要素である有効さ（effectiveness）につい
ては「利用者が、指定された目標を達成する上での正確さ及び完全さ」、効率
（efficiency）については「利用者が、目標を達成する際に正確さと完全さに関
連して費やした資源」、満足度（satisfaction）については「不快さのないこ
と、及び製品使用に対しての肯定的な態度」と定義されている。これらの使用
性（ユーザビリティ）の要素がどのようにして測定可能であるかは、表4-1に
示している。

　有効さは、正確さと完全さなので理解が容易だと思うが、規格には具体例と
して「要求された目標が、指定した書式で2ページの文書を正確に複製するこ
とであれば、正確さは誤ったつづりの個数及び指定書式から外れた箇所の数
で、そして完全さは、転記の済んだ語数を原文書中の語数で割った値でそれぞ
れ指定し、測定できるものとする」と書かれている。有効さは、このようにし
て客観的に計測できる尺度であることがわかる。

　効率は、「達成された有効さと、資源の消費とを関係づけるものであり、考
慮すべき資源としては、精神的又は身体的労力、時間、資材、金銭的費用など
を含む」と書かれている。「人の効率は、有効さを人の労力で割ったもの」と
なっているが、人の精神的、身体的労力を客観的に定量化することは難しいと
思われるものの、それ以外の点については有効さと同じく客観的に計測できる
尺度であるといえよう。

　満足度の定義には消極的なニュアンスがあり、近年、UXに関連して語られ
るようなうれしさや楽しさ、喜びといった積極的なニュアンスには欠けるもの
である。また、「感じられた不快さ、製品への好感度、製品利用における満足
度、種々の仕事を行う際の作業負荷の受忍度、特定の使用性目標（効率又は学
習性など）を満たす度合いなどについての主観的な評定によって指定または評価
されるもの」とも定義されており、正答率や課題完了時間で測定される有効さ
や効率とは異なり、客観的な測定や外部からの観測が困難なため、心理学的手

表 4-1 使用性（ユーザビリティ）尺度の例（JIS Z 8521:1999 附属書 表 B.1 を改変）

使用性（ユーザビリティ）の目標	有効さの尺度	効率の尺度	満足度の尺度
全体的使用性（ユーザビリティ）	達成された目標の割合 仕事の完了に成功した利用者の割合 完了した仕事の平均的正確さ	仕事の完了に要した時間 単位時間に完了した仕事 仕事を行う金銭的費用	満足度の評定尺度 自主的使用の頻度 不満の頻度

法によって主観的な評価を求めなければならない尺度であることが示されている。評定尺度（rating scale）は、リッカート尺度と呼ばれることもあり、人が内的な印象を、その強さに応じて何段階か（通常は5〜7段階）で評価して構成した尺度である。

　これらのユーザビリティの3つの下位尺度に関して、それぞれの例を示したのが表4-1である。有効さは目標達成の割合や完了したタスクの正確さなどの指標で計測でき、効率は主に時間やコストによって測定できることが示されている。満足感については、評定尺度と自主的使用や不満の頻度で計測可能であることが例示されている。

　そのほかに、ユーザビリティに寄与する製品の望ましい性質に対してのそれぞれの例を示したのが表4-2である。ユーザビリティに寄与する製品の望ましい性質としては、ユーザの要求と支援の必要性の最小化、学習性、誤りへの許容度、視認性などがあげられ、それぞれの性質に対する尺度としてどのようなものが考えられるかを例示している。また、ユーザの要求に関しては、ユーザが訓練を受けた状態で利用する場合、初めて利用する場合、時々あるいは時間を置いたあとでの利用の場合といったように、ユーザのレベルや利用の仕方によって分類して示している。表4-2の例は、ユーザビリティを測定する際の目標に応じて、表4-1で示した尺度以外にも、さらに尺度が必要な場合に利用することが可能な尺度として紹介されている。

　なお、筆者（黒須）は満足という主観的体験は、使用性（ユーザビリティ）の下位概念に留めておけるほど小さなものではなく、もっと上位の概念であると考えている。つまり、故障しないという「信頼性」も満足につながり、起動時間が短いという「性能」も、また利用すると便利でうれしさを感じるという

表 4-2 製品の望ましい性質に対する尺度の例
（JIS Z 8521:1999 附属書 表 B.2 を改変）

目指す使用性 （ユーザビリティ）	有効さの尺度	効率の尺度	満足度の尺度
訓練を受けた利用者 （ユーザ）の要求	行われた重要な仕事の数 利用された関連機能の割合	熟練利用者と比べての相対的効率	主要機能に関しての満足度の評定尺度
初めての利用についての要求	最初の試行でうまく完了した仕事の割合	最初の利用で要した時間 最初の利用での相対的効率	自主的な利用の割合
時々の、又は時間を置いた後での利用についての要求	指定した不使用期間後にうまく完了した仕事の割合	機能の再学習にかかった時間 繰り返される誤りの数	再利用の頻度
支援必要性の最小化	文書参照の回数 支援呼び出しの回数 ヘルプ利用の回数	生産的な時間 基準に達するまでの学習に要した時間	支援機能についての満足度の評定尺度
学習性	学習した機能の数 基準に達する学習ができた利用者の割合	基準までの学習に要した時間 基準までの再学習に要した時間 学習時の相対的効率	学習の容易さの評定尺度
誤りの許容度	システムによって訂正された又は報告された誤りの割合 許容された利用者誤りの数	誤り訂正に要した時間	誤り処理についての評定尺度
視認性	通常の視距離で正しく読めた語の割合	指定字数を正しく読むのに要した時間	目の不快さについての評定尺度

「機能性」も満足につながる。したがって、満足度はもっと上位の概念であり、ISO 9241-11 の満足度の扱いは不当であると考えていることを付記しておく（黒須 2020）。

　ちなみにシャッケルは、効果、学習可能性、柔軟性、および態度をユーザビリティの要件としており、そこに効率は含まれていない。ただし世間では、しばしば効果・効率という組み合わせで語られることが多いので、この点ではISO の考え方のほうに分があるといえるだろう。

4.2 ISO 9241-11:1998（JIS Z 8521:1999)の運用

　ISO 9241-11:1998 は、基本的に使用性（ユーザビリティ）の概念を規定した規格であり、その達成方法やプロセスについて書かれたものではない。それは、翌年に制定された ISO 13407:1999 に記載されている。したがって、ISO 9241-11:1998 の運用とはいっても、極めて概念的なものになる。

　具体的に規格のなかに書かれているものとしては、図 4-2 の品質計画がそれに該当するだろう。図 4-2 には、ISO 13407:1999 の人間中心設計活動の相互依存性を示す有名な図（しばしば HCD プロセスの図と呼ばれる）に近い考え方が示されている。また、文書をきちんと整備しておくことが前提となっている。

　すなわち、最初の活動として「利用の状況を明確にする」ことがあり、その結果を「利用の状況の仕様」としてまとめることになる。これは今風にいえば、ユーザ調査を実施して、調査レポートをまとめる作業ということになるだろう。ただし、スタートとして企画の段階、言い換えればコンセプトデザインを行う段階が明示されていない点に注意が必要である。設計の最上流工程としてのコンセプトデザインは、現在では特に重要視される部分である。コンセプトデザインや企画の段階では、どのような人工物（製品やサービス）を消費者ないしユーザに提供するかを決めるため、特に UX の観点からは重要なものとなる。また、企画の段階がしっかり行われなければ、ユーザ調査の焦点課題を決定することができず、それ以後の活動に進むこともできない。しかし、この規格は使用性（ユーザビリティ）に関するものであり、また当時はノーマンの姿勢に見られたように、使いにくい点やわかりにくいといった問題点を見つけて改善する、評価中心のノンネガティブなユーザビリティアプローチが主流であったことが関係して、上流プロセスについての記述が十分ではない。つまり、設計目標はすでに設定されており、どのように使いやすくそれを設計するかに主眼が置かれていた、といえるだろう。

　次の活動として「使用性（ユーザビリティ）の基準、尺度を選択する」が示されており、その結果を「使用性（ユーザビリティ）の指定」という形でまとめることが求められている。これは、どのような側面に関して使用性（ユーザビリティ）の評価を行うかを考えておくことであり、評価の前段階といえる。

4. ISO 9241-11:1998（JIS Z 8521:1999）の規格化

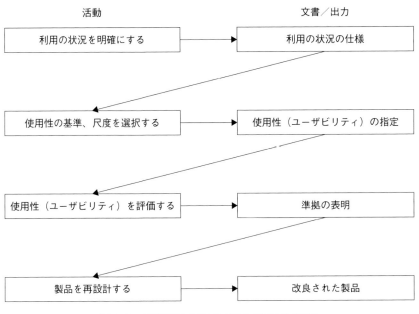

図 4-2　品質計画（JIS Z 8521:1999 を改変）

　先に評価中心という言い方をしたが、ISO 13407:1999 のプロセス図と比較すると、図 4-2 では狭義のデザイン、すなわちデザインによる解決案の作成という段階が抜けている。そして、使用性（ユーザビリティ）の指定の次の段階は「使用性を評価する」となっている。いわゆる使用性（ユーザビリティ）評価の段階ということである。評価結果は「準拠の表明」として文書化される。図には条件分岐が書かれていないが、ここで準拠していないことがわかった場合には「製品を再設計する」段階に進み、その出力結果として「改良された製品」ができあがる、という流れになっている。

　翌年公開された ISO 13407:1999 のプロセス図と比較するとラフなものではあるが、利用状況の明確化や使用性（ユーザビリティ）の評価は含まれており、HCD の考え方の萌芽的な形を見てとることができる。なお、ISO 9241-11:1998 の引用文献には ISO 13407 が引用されており、ふたつの規格は相互に連携しながらまとめられたものと思われる。

4.3 利用の状況について

　利用の状況は、図 4-1 に示されるように利用者（ユーザ）、仕事、設備、環境から構成され、図 4-2 に見られるように、JIS Z 8521:1999 では利用の状況は使用性（ユーザビリティ）を実現する際の開始点となる重要な概念と位置づけられている。利用の状況を構成するそれらの属性の具体的な例を表 4-3 に示す。

　まず利用者（ユーザ）については、利用者（ユーザ）の種類として、主な利用者（ユーザ）、つまり後に ISO/IEC 25010:2011（JIS X 25010:2011）で一次ユーザとされる人々と、二次的ユーザ及び間接的ユーザとが区別されている。また、技能と知識については、製品やシステムについての技能と知識、仕事や組織上の経験、訓練の水準、資格などが含まれている。さらに個人的特性としては、年齢や性別などのデモグラフィック属性や、生理的能力、知的能力などの能力、そして態度や動機といった心理的な特性がリストアップされている。

　仕事については、その構成や名称、頻度や期間、融通性、精神的負担や依存性、エラーや安全性についてリストアップされている。

　設備については、基本的な記述として製品名称や主要機能などが仕様書として含まれ、さらにハードやソフト、資材、サービスが含まれている。

　環境については、まず組織的環境と技術的環境、物理的環境が区別されており、組織的環境としては、勤務時間や作業慣行などの構造、コンピュータ利用の方針などの態度及び文化、職務の柔軟性や仕事の速さ、自立性や自主性などの職務設計が含まれている。また技術的環境としては、ハードやソフトの構成がリストアップされている。物理的環境としては、作業環境状態として、気候や音響、温熱、視覚、そして環境の不安定性が、作業場所設計としては、場所と什器、利用者の姿勢と位置が、作業場所の安全としては、衛生災害や防護衣などがリストアップされている。

　このようにして、ISO 9241-11:1998（JIS Z 8521:1999）では、ユーザビリティの構成要素と、それらを達成するための大まかな流れが定義されている。次に説明する ISO 13407:1999（JIS Z 8530:2000）は、その翌年、こうして定義されたユーザビリティを達成するために、どのようにして製品設計を行うべき

かを具体的に説明すべく制定された。ISO 規格の制定にはそれなりの時間（およそ数年）がかかるため、両方の規格はある期間、並行して作業が進められたと考えることができる。

表 4-3　利用の状況の属性の例（JIS Z 8521:1999　表 A.1 を改変）

利用者（ユーザ）	仕事	設備
利用者（ユーザ）の種類 主な利用者（ユーザ） 2次的な及び間接的利用者(ユーザ) **技能と知識** 製品についての技能／知識 システムについての技能／知識 仕事の経験 組織上の経験 訓練水準 入力装置の技能 資格 言語的技能 一般的知識 **個人的特性** 年齢 性別 生理的能力 生理的限界及び障害 知的能力 態度 動機	**仕事の構成** 仕事の名称 仕事の頻度 仕事の期間 事象の頻度 仕事の融通性 生理的及び精神的負担 仕事の依存性 仕事の結果 誤りに起因する危険 安全性に直結する要求	**基本的記述** 製品名称 製品説明 主適用領域 主要機能 **仕様書** ハードウェア ソフトウェア 資材 サービス その他の項目
環境		
組織的環境 **構造** 勤務時間 協同作業 職務機能 作業慣行 援助 中断 管理構造 伝達構造 **態度及び文化** コンピュータ利用の方針 組織目標 職場での関係 **職務設計** 職務の柔軟性 成績監視 成績通知 仕事の速さ 自律性 自主性	**技術的環境** **構成** ハードウェア ソフトウェア 参照資料	**物理的環境** **作業場所状態** 気候的環境 音響環境 温熱環境 視覚環境 環境の不安定性 **作業場所設計** 場所と什器 利用者の姿勢 位置 **作業場所の安全** 衛生災害 防護衣及び器具

5

ISO 13407:1999
（JIS Z 8530:2000）の規格化

1999 年に制定された国際標準規格の ISO 13407 は、ユーザビリティを高めるための方策としてプロセスアプローチを取り入れ、よりユーザビリティの高いものづくりをしようと提起された。それ以前にも、ニーズ指向のアプローチが提起されることはあったが、明確な方法論が提示されていなかったために、ただの掛け声に終わることも多かった。そうした状況に対して、HCD のプロセスを明確にし、その具体的アプローチを示したのが ISO 13407:1999 とその改定版である ISO 9241-210:2010, 2019 という ISO 規格である。2010 年に ISO 9241-210 として改定されたことで ISO 13407 は廃版となったが、HCD に関する最初の ISO 規格であるという点で歴史的な意義を持っており、さらに簡潔なわかりやすい表現で説明されていることに特徴がある。

5.1 ISO 13407:1999 との出会い

筆者（黒須）は、ISO TC159/SC4/WG6 の委員としてこの規格審議の中盤から参加し、その後、ISO 13407 を JIS Z 8530:2000 に翻訳する作業を担当した。

欧州で行われた ISO の会議に日本の国内委員として参加することになったが、最初のうちは状況がわからなかった。ユーザビリティには関心を持ち、国内でそれなりの研究活動を行ってきたが、そもそも HCD とはなんぞや、なんで国際規格にしようとしているのか、盛んに議論されているプロセスという概念はどう理解すればいいのか等、背景事情と現時点での状況を把握するのに精一杯で、会議で意見提示をするレベルには行き着かず、規格の内容を理解するのに必死であった。しかし、会議の議長が、各国から寄せられたコメントを

サッと目を通しただけで処理してしまう様子をみて、熱心に書いてくれたコメントをあんなふうに処理してしまっていいものだろうかという印象を受けたりもした。そうこうしているうちに、規格は DIS（Draft International Standard）から FDIS（Final Draft International Standard）という段階になり、IS（International Standard）つまり国際規格として承認されるに至った。

　国際規格として成立する以前、つまり DIS の段階で規格を読みながら、筆者が注目したのは本文末尾にある適合条件（conformance）の箇所だった。DIS の情報が国内の企業関係者に出回った時期は、ちょうど ISO 9001 の２回目になる大きな改正がなされたときで、企業関係者は規格への不適合が特に欧州市場で非関税障壁となり、製品の輸出の障害になる可能性を懸念していた。トラックのボディや工場の外壁にまで ISO 9001 認証取得といった表示がなされていた時期である。そういった情勢のなかで HCD に関する規格が整備されつつあり、しかもそこに適合条件という項目も入っている、ということから、当時の通商産業省関係者が関心を持ち、国内産業を保護するという観点から動き出した。具体的には、人間生活工学研究センターを将来の認証機関として想定しつつ、国内の各工業会関係者を通商産業省本部に集めたり、筆者もその会場で FDIS に基づいて ISO 13407 の骨子を紹介することを求められたりした。これをきっかけとして、国内の製造業で ISO 13407 の情報や人間中心設計というのは何なのか、どのようにして対応すればいいのか、といった話が噂レベルのものも含めて急速に浸透していった。そのなかには、通商産業省の某課長と静岡大学の黒須とが結託して何やらしでかそうとしている、という陰謀論まがいの話も含まれていることが耳に入ってきたりもした。陰謀論はともかく、そこまで情報が広まってくれたおかげで、あちこちで講演をおこなうことにもなり、HCD というのはどのようなもので、どのような対策を講じる必要があるかを説いて回る機会を得ることができた。結果的に ISO 13407:1999 が非関税障壁となることはなかったが、このときの各企業の真剣な学習や対応策の構築が HCD やユーザビリティという概念の理解と普及にプラスに作用したことは間違いない。さらに、ちょうど 20 世紀の技術中心設計のアプローチが限界に達していたことも影響し、新しい製造業のパラダイムとして普及したという側面もあったのだろう。

5.2　ISO 13407:1999 の日本語化

　ISO 13407 の FDIS が関係者に読まれていた時期、当然のことだがまだ正式な JIS Z 8530 は刊行されていなかった。当時、ユーザビリティに関して熱心な活動を行っていた日本事務機械工業会の有志が私家版の日本語訳をつくっており、それが関連企業などに流れていたのである。この日本語訳はかなり質がよかったため、のちに正式な JIS 化委員会ができたときに、そのベースとして利用させていただくことになった。

　JIS 化の作業は、1999 年に日本規格協会から日本人間工学会に対して新規原案の作成が依頼されたことで開始された。日本人間工学会では JIS 原案作成委員会を組織して原案を作成し、2000 年 3 月に日本規格協会に報告した。この原案は IDE（identical）、つまり ISO 規格と同一内容のものであり、部分的な改変は加えられていない。原案作成の依頼から原案作成までが短時間で済んだのは、前述の日本事務機械工業会版がすでにあったことに関係している。その後、2000 年 7 月に、日本工業標準調査会消費生活部会で審議され、同年中にJIS 規格として公示された。

　翻訳に際して問題となったのは usability の訳し方で、ISO 9241-11:1998 をJIS Z 8521:1999 とする際には「使用性」という訳語があてられていた。2 つの規格の関係性を考慮して、使用性という訳語をそのまま使うことも考えられたが、使用性という言葉が一般に普及していなかったこと、むしろユーザビリティという言葉のほうが世間ではよく使われていたことから、「ユーザビリティ」という訳語を使用することが決定された。以後、人間工学系（TC159）の関連規格ではユーザビリティという訳語が定着することになった。

　そのほかの主要な用語としては、利用の状況（context of use）、設計による解決案／策（design solution）、人間中心設計（human centered design）、対象とするユーザ（intended user）、インタラクション（interaction）、多様な職種に基づいた活動（multi-disciplinary）、達成（performance）、要求事項（requirement）、仕事（task）、ユーザー（user）などがある。

　このうち、「人間中心設計」については、人間中心デザインという表現も考えられたが、当時はまだ「デザイン」は意匠という狭い意味で使われることが

多く、現在のように上流プロセスをめざした広範な活動にはなっていなかったため、工学的ニュアンスがでてしまうことは予想されたが設計という訳語にしたものである。また、「ユーザー」については、この表記を推奨していた TC 協会（テクニカルコミュニケーション協会）の複数の関係者が委員に入っていたことが影響し、音引きをすべきかどうかについての議論は特に起きなかったように記憶している。ただ、当時から学会などではユーザという表現が広く使われてはいた。この点は、ISO 9241-210:2010 を JIS 化する際に問題提起が行われたものの「ユーザー」が採用され、ISO 9241-11:2018 の JIS 化の際に再提起されて学術的に広く使用されている「ユーザ」が採用されるまで、音引きをしたままで使われることになってしまった。

5.3 ISO 13407:1999 と ISO 9241-11:1998

　ISO 13407:1999（以下、ISO として引用するのは JIS の文面である）の序文には、次のように書かれている。「人間中心設計は、システムを使いやすくすることに特に主眼をおいたインタラクティブシステム開発の一つのアプローチである」。つまり、HCD はユーザビリティを高めるための取り組みだと明言している。この点において、HCD に関する規格である ISO 13407:1999 は、ユーザビリティに関する規格 ISO 9241-11:1998 と深い関係を持つものである。

　実際、ユーザビリティという用語の定義では、ユーザビリティ、有効さ、効率、満足度のいずれについても、ISO 9241-11:1998 の定義 3.1、3.2、3.3、3.4 が引用されている。

　また、その直後にこうも書かれている。「ヒューマンファクタ及び人間工学をインタラクティブシステムの設計に適用することによって、効果と効率を向上させ、人間の作業条件を改善し、更には人の健康、安全及び達成度に与える使用上の悪い影響を緩和することができる」。つまり、人間工学を適用して設計を行うことで、効果と効率（これは ISO 9241-11:1998 でユーザビリティの三要素のうちの 2 つである）以外にも、作業条件の改善、健康、安全、達成度に及ぼされるネガティブな影響を緩和できる、ということである。ここに、ISO 9241-11:1998 からの多少の逸脱を読み取ることも可能である。

　ISO 9241-11:1998 では、図 4-1 に見られるように、ユーザビリティを、有効

さと効率と満足度によって表現しており、その定義は、図 3-4 に示したニール
センの定義とは大きく異なっている。ニールセンは、学習しやすさや効率、記
憶しやすさ、エラー、主観的満足によってユーザビリティを定義している。そ
れらのうちの多くの要件は、製品の設計過程でつくりこむことができる。しか
し、有効さと効率と満足度は（ニールセンも効率と主観的満足を含めてはいる
が）、製品の設計過程でつくりこむというよりは、むしろ表 4-1 のような形
で、評価の段階で明らかにすることができるもので、学習しやすさや記憶しや
すさなどとは性質が異なっている。つまり、設計のプロセスを人間中心的に行
うことが、どのように有効さや効率を向上させることになるのか、言い換えれ
ば、ユーザビリティの向上につながるかについて、明確で具体的な指針を与え
ているとは言いがたい面がある。

　この曖昧さは、ISO 13407:1999 が ISO 9241-210:2010 となり、さらに ISO
9241-210:2019 となった段階にも持ち越されているが、ISO 9241-210 になった
段階で、ユーザビリティとは別に、UX などのより広義の目標概念が導入され
ることになり、曖昧ではあるものの目標の幅が広がったことで、あまり気にし
なくてもいいような形に変化してきている。

　言い換えると、ISO 9241-11:1998 が定義するようなユーザビリティ概念は、
そのように定義されているだけでは実際の設計場面で役に立つものではなく、
ISO 13407:1999 によって、どのように取り組めばいいのかという設計プロセス
が明確にされて初めて生きてくるものであった、ということである。

　筆者（黒須）は個人的に、前述したような要素からユーザビリティが構成さ
れるのだとしたニールセンの考え方のほうが「操作的」な定義である、つまり
どのような操作や行動を行うことでユーザビリティが達成されるかに言及して
いるという点で、ISO 9241-11:1998 の定義よりは、実践的かつ実用的であると
考えている。

5.4 ISO 13407:1999 という規格の位置づけ

　ISO 13407:1999 では、規格の適用範囲について「この規格は、コンピュータ
を応用したインタラクティブシステムの製品ライフサイクル全般に対する人間
中心の設計活動の指針について規定する」と記述されている。ここにはいくつ

か考察を要する部分が含まれている。

　まず、「コンピュータを利用した」という限定詞をどこまで厳密に考えるべきかという点が検討を要する。「インタラクティブシステム」については、「ユーザーの仕事の達成をサポートするために、人間のユーザーからの入力を受信し出力を送信する、ハードウェアとソフトウェアの構成要素によって結合されたもの」という定義がなされており、ハードウェアだけでなく、ソフトウェアも構成要素として考慮すべきことが書かれているので、その範囲においては明確な定義といえる。しかし、それではインタラクティブシステムを狭くとらえすぎている可能性がある。

　自転車を例に考えてみよう。近年の電動アシスト自転車などではなく、純粋な機械製品としての自転車である。ペダルを踏む操作が自転車を前進させる仕組み、ギアチェンジャーを操作することでギアが切り替わる仕組み、ブレーキレバーを握ることでブレーキがかかる仕組み。そのどれもがインタラクティブと言えるのではないだろうか。蒸気機関車だって、コンピュータは搭載されていなかったし、当然ソフトウェアは構成要素ではなかった。では、それらの機器にユーザビリティの問題は発生していなかったのだろうか。否、である。

　たしかに、コンピュータチップを内蔵した機器がちまたに多数登場してきたことにより、シャッケルが指摘したようにユーザビリティが問題とされるようになった。しかしユーザビリティの問題はコンピュータやその応用製品に限定されるものではない。このあたりは、身の回りに増えてきたコンピュータ応用製品に対する問題意識がきっかけとなって執筆された規格であるにせよ、もう少し注意して周囲を見回す必要があったのではないかと思われる。

　さらに、インタラクティブなもの、つまり入力と出力の間にやりとりが発生しないもの、例えば住環境を構成する建築物や什器の設計においても「人間を中心にすえて設計する」ことは重要である。現に、ある建築家から「この ISO 13407 という規格の考え方は建築においても重要ですね」と言われたことがある。このように、規格の対象を限定しすぎていることは ISO 13407:1999 の問題点の一つである。ただ、コンピュータやその応用製品に関係者の焦点を当てさせ、問題意識を高めさせるという意味では、有意義な規格となったことはたしかである。

表 5-1　ISO 9241 シリーズの体系

パート	タイトル
1	通則（Introduction）
2	仕事の要求事項（Job design）
11	ハードウェアとソフトウェアの使用性（Hardware and software usability）
20	アクセシビリティ及び人とシステムの対話（Accessibility and human-system interaction）
21-99	将来対応（Reserved numbers）
100番台	ソフトウェアの人間工学（Software ergonomics）
200番台	人とシステムの対話プロセス（Human-system interaction processes）
300番台	ディスプレイと関連するハードウェア（Displays and display-related hardware）
400番台	入力デバイス−人間工学的原則（Physical input devices − Ergonomics principles）
500番台	作業場の人間工学（Workplace ergonomics）
600番台	作業環境の人間工学（Environment ergonomics）
700番台	制御室（Control rooms）
900番台	触力覚の対話（Tactile and haptic interactions）

（福住他（2014）「特集②：人間工学国際規格（ISO）とその最新動向（4）—SC4: 人とシステムのインタラクション—」人間工学 50（4）pp.164-169 より）

　次のポイントは「製品ライフサイクル全般」という点である。HCD に関連してライフサイクルという概念を論じた ISO/PAS 18152:2003 では「要求定義から利用停止に至るシステムの生涯にわたる段階や活動のことで、概念化、開発、操作、維持サポート、廃棄に及ぶ（筆者翻訳）」と定義しており、ライフサイクルは設計段階だけの話ではない。今でいうなら、それこそ UX まで含めた全体的な時系列的範囲を言うはずである。しかし ISO 13407:1999 で扱っているのは設計プロセスだけである。この誤解は、のちの ISO 9241-210:2019 においても、製品やサービスがリリースされた後の長期的な利用実態を調査するような活動が設計段階に含まれてしまう、という誤りにつながっている。この点については、明確に「設計プロセス」と明示し、その範囲内に限定するか、「開発プロセス」と明示して、範囲を拡大しておくべきだったであろう。

　最後に指摘しておきたいのは、その番号である。ISO 9241-11:1998 の翌年に出され、それと密接な関係にある規格でありながら、なぜ ISO 9241 シリーズに含まれなかったのかについて、筆者はその事情を知らない。ちなみに ISO 9241 シリーズには、その番号付けに関して表5-1のような体系が決められている。

この体系にも筆者として意見がないわけではない。100番台のソフトウェアの人間工学がありながらハードウェアの人間工学がない、入力と出力の対応が取れていない、蝕力覚だけをなぜ特別扱いするのか、等々である。ハードウェアに関しては、伝統的な人間工学が主にハードウェアを対象としてきたことから、膨大な情報がありすぎて一括りにはできないとは思う。ただ、このような体系があるなら、HCDの規格については最初からISO 9241-200番台の番号をつけていればよかっただろう。ただし、ISO 13407:1999の制定当時、このような体系がまだ確立されていなかったのかもしれないが、筆者の手元資料ではその点はわからない。

5.5　人間中心という考え方と人間工学の関係

次に指摘したいのは、「人間中心の設計活動」という点である。設計活動の部分はそれでいいが、前半の人間中心というのが一体どういうことなのかについて、この規格は明示的に回答していない。つまり、用語の定義に「人間中心」が含まれていないのだ。人間中心設計を定義している序文に、それらしき記述はある。「それ（人間中心設計）は、ヒューマンファクタ及び人間工学の知識、更に技術を組み合わせた多様な職種に基づいた活動である」という部分である。ここから考えると、どうやら人間工学を適用することが人間中心設計の根幹を形づくると言いたいようである。

だとすると、人間中心設計という曖昧な名称ではなく、例えば人間工学中心設計、つまりHFCD（Human Factors Centered Design）という名称にすべきだったとも考えられる。そうすれば名称の意味が明確になり、曖昧さを排除することができただろう。人間中心設計という名称からは人類中心設計というようなニュアンスも感じられてしまうし、そこまでいかなくても、後年、ISO 9241-210:2019では、人間性や人類のあり方を取り扱うように思われるサステイナビリティという概念までHCDの対象とするような記述が規格に含まれてしまうことになっている。これによって「人間」の概念が「人間工学」を超えて広範で曖昧なものになってしまったのだと思われる。

ただし、肝心の人間工学がここでは定義されていない。人間工学では身体計測などの古典的な研究領域だけでなく、ヒューマンエラーの解析なども行われて

おり、認知人間工学という言い方もされているように心理学のような社会科学とも連携をしている。しかし、例えば満足できる製品づくりをすることに関連して感情心理学や感性工学的な領域も含んでいるのかはわからず、境界線が不明瞭である。またHCDで重要な消費者やユーザのニーズを把握するという、マーケティングとの境界領域はそこに当然含まれていてしかるべきであるが、それもはっきりしない。言い換えれば、人間工学というのは非常に便利な言葉ではあるのだが、HCDを定義するにあたっては、その概念定義の曖昧さを巧みに利用してしまっているという印象がある。

5.6 HCDを適用することの利点（根拠）

ISO 13407:1999では、HCDを適用することの利点（規格では根拠と書かれている）について、次の4点を挙げている。

a）理解及び使用を容易にし、訓練及びサポート費用を削減する
b）ユーザーの満足度を向上させ、不満及びストレスを緩和する
c）ユーザーの生産性及び組織の運用効率を改善する
d）製品の品質を改善し、ユーザーにアピールし、商品の競争力を有利にすることができる

いずれも直接的、間接的に企業にとって導入メリットがあることを謳っているが、これは、従来人間工学が、企業の実践現場になかなか導入されたり定着したりすることが多くなかったことへの反省や悔悟（かいご）も関係しているだろう。

5.7 HCDの原則

HCDのアプローチの特長としては、次の4点が挙げられている。

a）ユーザーの積極的な参加、及びユーザー並びに仕事の要求の明解な理解
b）ユーザーと技術に対する適切な機能配分
c）設計による解決の繰返し
d）多様な職種に基づいた設計

a）は、HCD の中心的な特徴であり、ユーザ中心設計（UCD）と重なる特徴でもある。従来の機能中心設計や売上中心設計などと 袂（たもと）を分かつ重要な点といえるし、いわゆる参加型デザインの流れと一脈通じる点でもある。

b）については、「技術でできることを安易に機器に割り当て、残された機能をシステムを機能させるため人間の適応性に頼って、ユーザーに安易に割り当てない方がよい」という表現で十分に理解できるだろう。ただし、AI やロボットの技術が進歩している昨今では、技術でできることが人間の能力を凌駕してしまい、人間がそれに不適応を起こしつつある面もあり、「適切な」バランスを考慮する必要が新たに発生しているといえる。

c）は、「繰り返した結果を徐々に改善してゆく設計に反映させながら、予備的な設計による解決を“現実世界のシナリオ”に対して評価することを可能とする」ことで、これはアジャイル開発などの反復設計の取り組み方が普及した現在では、すでに常識化しているといえる。

d）は、「人間中心設計は、様々な技能を必要とする。設計の人間的な側面については、様々な技能をもった人々を必要とする」ことであり、具体的な技能の種類については、次のようにリストアップされている。

　a）実際のエンドユーザー
　b）購買者、ユーザーを管理する立場の人
　c）アプリケーション分野の専門家、経営アナリスト
　d）システムアナリスト、システムエンジニア、プログラマ
　e）マーケティング担当者、販売員
　f）ユーザインタフェースデザイナー、ビジュアルデザイナー
　g）人間工学の専門家、ヒューマンコンピュータインタラクションの専門家
　h）テクニカルライター、訓練及びサポート担当者

中小規模の企業では、これだけの陣容、特に f)、g)、h）をすべてそろえることは困難だろうが、技能や知識に関する面では、外注する、あるいは既存の人材を育成することでなんとかカバーすることは不可能ではないだろう。規格には「小規模でも、流動的なものでもよく」「メンバーが複数の技能の範囲及

び立場を担当してもいい」とも書かれている。

　ただし、これらの人々がフェーズごとに関与してしまうだけだと、トレーサビリティが悪くなり、また縦割り組織の弊害も生じてしまうことがある。反対に、すべての人々がプロジェクトチームメンバとしてすべてのフェーズで関与すると無駄な時間も発生してしまう。トレーサビリティの面では文書化をきちんとすることも有用ではあるが、随時のプロジェクトミーティングで横串を通しておくことがいいだろう。ただ、規格にはそうした運用面の留意事項は書かれていない。

5.8 ISO 13407:1999 における HCD プロセス

　ISO 13407:1999 が制定された当時は、前述したように ISO 9001 への対応で企業が騒いでいた時期でもあった。したがって、そのプロセスアプローチの考え方が HCD に取り込まれたことは想像に難くない。現に、ISO 13407:1999 の参考文献にも、ISO 90041:1994 と誤記されつつも ISO 9001:1994（第二版）が引用されている。ちなみに ISO 9001 の初版は 1987 年に公示されている。

　図 5-1 は、「人間中心設計活動の相互依存性」というタイトルで挿入されている有名なプロセス図である。「人間中心設計の必要性の特定」からスタートして、「利用の状況の把握と明示」、「ユーザーと組織の要求事項の明示」、「設計による解決策の作成」、そして「要求事項に対する設計の評価」に至り、評価で問題がなければ「システムが特定のユーザー及び組織の要求事項を満足」したということで設計が完了し、そうでなければ「利用の状況の把握と明示」に戻る、という形になっている。

　ただし、ISO 13407:1999 の図では、各活動段階を矢印で結んではいない。ただ線でつないでいるだけである。ISO 13407:1999 を JIS Z 8530:2000 に翻訳した段階で、図の解釈を間違えて矢印にしてしまったものだが、その後の ISO 9241-210:2010, 2019 では、この部分が矢印になっていることから見ると、その「誤訳」は結果的には規格の改定内容を先取りしたような形にも見える。

　この図において、「人間中心設計の必要性の特定」について詳しい説明はないが、「利用の状況の把握と明示」の活動については、「ユーザー、仕事、組織環境及び物理環境の特徴が、システムを利用する状況を定義する」となってい

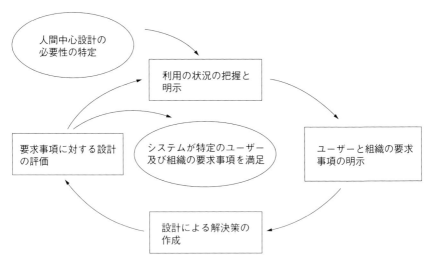

図 5-1　人間中心設計活動の相互依存性（JIS Z 8530:2000 より）

る。ここでユーザに関する特性としては、「ユーザーに関連した特性には、知識、技能、経験、教育、訓練、身体的特性、習慣、好み及び能力などを含んでもよい。必要に応じて、異なるユーザータイプ、例えば、異なる経験の度合い又は異なる役割（保守、設置など）、の特性を定義してもよい」と書かれている。また仕事については「ユーザビリティに影響を及ぼす仕事の特性（例えば、発生回数及び、作業の持続時間）は記述されることが望ましい」といったことが、また環境については「ユーザビリティに影響を及ぼす仕事の特性（例えば、発生回数及び、作業の持続時間）は記述されることが望ましい」と書かれている。

　また、利用状況については、以下のようになっている。いずれについても「記述」という表現が繰り返されており、設計プロセスにおいてエビデンスを文書化しておくことが重視されている。

5. ISO 13407:1999（JIS Z 8530:2000）の規格化

a）設計活動をサポートするために、対象とするユーザー、仕事、環境の範囲が設計活動をサポートするに十分詳細にわたっていることの記述

b）適切な情報源から導き出きれていることの記述

c）ユーザー、又はもしそれが確保できない場合は設計プロセスにおいてその立場を代表する者によって確認されていることの記述

d）適切に文書化されていることの記述

e）設計活動をサポートするために適切な時期と形式で設計チームに提供されていることの記述

　続く「ユーザーと組織の要求事項の明示」の活動では、HCDではこの活動における要求事項の特定を拡大して、上述の利用状況の記述に関連してユーザと組織の要求事項を明確にすることが望ましいと記している。そのために考慮すべき側面として、次のような事項が含まれている。

a）運用面及び財政面の目的に対する新しいシステムの要求性能

b）安全衛生を含んだ、関連した法制上の要求事項

c）ユーザーとその他の関係者との間の協力、及びコミュニケーション

d）ユーザーの職務（仕事の割振り、ユーザーの福利及び動機づけを含む）

e）仕事の達成度

f）作業の設計と組織

g）変更管理、関連する教育訓練と人事を含む

h）運用及び保守管理の実現性

i）人とコンピュータのインタフェースと作業設備の設計

上記のa）からi）のユーザと組織の要求事項が導出できたら、ユーザ要求事項を記述し、複数の要求事項の間で調整をしながら目的を設定し、機能配分を定義していく。その際、要求事項には以下のようなことを記述し、文書として残しておくべきであると書かれている。

a）設計の際に関連するユーザとその他関係者の範囲を特定することの記述

b）人間中心設計の目標を明言することの記述

c）様々な要求事項に対し適切な優先順位を設定することの記述

d）新しい設計案を試験するための測定可能な基準を用意することの記述

e）設計プロセスにおいて、ユーザー又はその立場を代表する者によって確認されていることの記述

f）法制上の要求事項を盛り込むことの記述

g）適切に文書化されていることの記述

次の「設計による解決案の作成」の活動では、前の活動までに明確にしてきた利用状況や導出された要求事項に基づいて、関係者の知識や経験、技術などを活用して解決解を描き出す。この活動の内容の説明には、

a）多様な職種に基づいた検討で設計提案を開発するために、既存の知識を用いる

b）シミュレーション、モデル、モックアップなどを使用して、設計による解決案をより具体化する

c）ユーザーに、設計による解決案を提示し、仕事又は模擬的な仕事をさせる

d）ユーザーのフィードバックに応えて設計を変更し、人間中心設計の目標が達成されるまで、この過程を繰り返す

e）設計による解決の繰返しを管理する

と書かれている。

　設計による解決案の作成の活動で、注目すべきなのはこの d）と e）である。要するに、簡易な修正はユーザからのフィードバック、つまり評価に基づいておこない、それを繰り返す、ということである。いわば形成的評価（formative evaluation）が、設計による解決案の作成の活動の中に含まれているのである。この点からすると、この活動では、プロトタイプ作成とその評価を繰

り返すというミニプロセスが含まれているとも考えられる。

　しかし、続く「要求事項に対する設計の評価」の活動でも、設計へのフィードバックの評価目標として、

　　a）システムが組織の目標とどの程度合致しているかを評価する
　　b）潜在的問題を診断し、インタフェース、支援用資料、作業環境、又は訓練方法の改善の必要性を特定する
　　c）機能及びユーザーの要求事項に対し、最適な設計案を選択する
　　d）ユーザーからフィードバック及び新たな要求事項を引き出す

と書かれている。特にこの d）は、前述した「設計による解決案の作成」の活動における d）とほとんど同じである。前述したものが形成的評価でこちらが総括的評価（summative evaluation）というわけでもない。このあたりの曖昧さは、図 5-1 に矢印が描かれていないことから、何となく受容できてしまうようなものになっているが、規格としての明晰さには欠けるといえるだろう。

　なお、最後の「システムが特定のユーザー及び組織の要求事項を満足」しているかどうかという点については、次の 2 つが基準として設定されている。

　　a）設計が人間中心の要求事項に合致していることを示す
　　b）国際規格、国家規格、地域規格、企業規格、又は法的規格との適合性の評価を行う

5.9 ISO 13407:1999 の意義

　HCD という命名にいささかの問題があったように思えることはすでに書いたとおりであるが、それでも技術中心設計が幅を利かせてきた時代にユーザのことを重視すべきだという主張を行った点には大きな意義がある。タイミングとして、ノーマンの UCD の考え方が提示され、各種のユーザビリティ評価法が提案されてユーザビリティ活動が活性化しつつあり、シャッケルやニールセンの概念モデルが出されたという状況においては、満を持して登場したと言ってもいいだろう。

しかも、その考え方を ISO 規格として出したことには大きな社会的意義がある。規格の内容をよく知らなくても、ISO の規格になっている国際標準化された考え方で設計を進めましょうと言うと、ISO 規格化されているものなら、と腰をあげてくれる上司やクライアント企業がいるという話もある。そうした企業にとっては ISO 規格は、やはり見過ごすことのできないものなのだろう。

　規格のなかで最も有名になったのはプロセスモデルで、いくつか問題点はあるものの、設計プロセスが図として簡潔に表現されたことの効果は大きい。もちろん、その図だけが独り歩きをはじめ、「こうした活動をぐるぐる回せば HCD なんでしょう」というような素朴な誤解も生まれてはしまったが、設計プロセスを「見せた」ことの意義は大きい。

　そして、あとに続いた ISO 9241-210:2010, 2019 と比べて簡潔であることも良い点だと思われる。JIS Z 8530:2000 で文献リストなどを含めた総ページ数が 29 ページしかないという短さは、用語の定義の部分が短すぎて肝心の HCD の定義すら入っていないという問題などがあるものの、ユーザビリティだけに焦点化し、必要最小限ともいえる記述に収めていることは誤解を生む余地が少なく、良い結果につながったと思われる。

　そのわかりやすさのおかげもあり、また当然その重要性のゆえに、ISO 13407:1999 は ISO 9241-11:1998 とともに、その後登場したユーザビリティ関連の規格群（ISO/TR 16982:2000（2000）、ISO/TR 18529:2000（2000）、ISO/PAS 18152:2003（2003）、ISO 20282-1:2006（2006）、ISO/IEC 25062:2006（2006）、ISO/PAS 20282-3:2007（2007）、ISO/PAS 20282-4:2007（2007）、ISO 20282-2:2013（2013）など）に影響を与えるという大きな役割を果たしている。

5.10　ISO 13407:1999 の国内への影響

　およそ 1980 年代頃から活動を始めていた日本国内のユーザビリティ活動は、しかしながら大きな困難に直面していた。それはユーザビリティ関係者の熱意に対照的ともいえる技術者や管理者、経営者の冷ややかな対応だった。ユーザビリティ関係者の居場所が社内にあっただけでも、まだよかったといえるほど、周囲の無理解と無関心は強いものだった。5.6 節で紹介したような

HCD の利点（根拠）は、従来の人間工学への関心の低さと同様に、彼らの琴線に共鳴するものではなかったのだ。

　その意味では、DIS や FDIS の段階で当時の通商産業省の会議室で行われた工業会代表に対するプレゼンテーションは大きな効果があったといえる。また欧州市場における非関税障壁の可能性は、関係者の危機感をあおることにもなり、産業界の HCD に対する関心を高めた。さらに、2000 年代に入ると、インターネットの普及が進み、Web を利用した e-Commerce が盛んになってきたが、これもユーザビリティへの関心を高めることにつながった。EC サイトでは、サイトのユーザビリティが低いために利用者が購買に至らなければ、商売の失敗につながるからだ。また、当時はユニバーサルデザインの考え方が普及し、関連する組織の設立や活動の活性化がみられた。ユニバーサルデザインは、アクセシビリティ活動の系譜を受け継いでおり、主に障害者と高齢者を対象としていたが、その考え方は HCD とほとんど同じものであったため、HCD の活動はそれと同期的に進められることとなった。

　こうした状況の変化は、関係者の HCD とユーザビリティに対する関心を高めることにつながったが、そこに拍車をかけるような出来事が起きた。HCD-Net（人間中心設計推進機構）の設立である。HCD-Net の母体になったのはヒューマンインタフェース学会にあったユーザビリティ専門研究会である。これは 1995 年以来、計測自動制御学会のヒューマンインタフェース部会の一部として開かれていたユーザビリティ研究談話会（2000 年まではユーザビリティ評価研究談話会）という集まりが、2001 年にヒューマンインタフェース学会の正式な専門研究会として活動を開始したことに端を発する。筆者（黒須）はその主査を担当していた。

　ユーザビリティ専門研究会を母体のひとつとして、2005 年に NPO 法人「人間中心設計推進機構（HCD-Net）」が設立された。これはヒューマンインターフェース学会の発表のなかでユーザビリティ関係のものが多くなり、ユーザビリティを基軸とした組織の必要性が認識されたためである。しばらくはユーザビリティ専門研究会との重複が続いたが、専門研究会は 2009 年にその幕を閉じた。このようにして設立された HCD-Net では、次のような活動を行うことになった。

（1）研究活動

当初は HCD-Net で企業等からの研究を受託することを考えていたが、PR不足もあって委託案件がなく、その後、研究事業部は機構誌・論文誌での投稿論文の査読や掲載、研究発表会の開催など HCD に関する研究活動全般を支援する方向に転換した。

（2）教育活動

教育事業部は教育・セミナーの実施を目標とし、セミナーの開催を中心にHCD 関係者の裾野の拡大に貢献した。なお、現在は東海支部を傘下に収め、その育成にも力を注いでいる。

（3）社会化活動

人間中心設計の大切さ、必要性を世の中の人に認知していただくことを目標としていたが、具体的なプランが欠如していたため、のちに広報活動と合体して広報社会化事業部となり、フォーラム、アワード、HCD サロンなどのイベント開催等を実施するようになった。

（4）業務活動

大規模なプロジェクトや複雑なプロジェクトの業務を受託することを目標としたが、委託案件がなかったこと、またもし委託されてもその作業を実行する部隊がなかったことから、のちにビジネス支援事業部という形で、ビジネスに活用できる HCD ツールの提供などを行うようになった。

（5）規格化 / 認定活動

ISO 13407:1999 に影響を受け、独自の規格化を推進したり、HCD 人材の認定活動を行うことを想定していた。しかし、現在は、HCD 専門資格認定センターとして HCD 本体からは財務的に独立し、認定試験（人間中心設計専門家、人間中心設計スペシャリスト）に関連した資格関連の業務にシフトしている。

（6）関西支部

当初は以上の 5 つの事業を柱としていたが、のちに、国際事業部ができた。さらに、どうしても活動が東京中心になりがちなことから、まずは関西拠点として関西支部が構築された。当初は広報社会化事業部に所属していたが、現在は独立して活動している。

5. ISO 13407:1999（JIS Z 8530:2000）の規格化

（7）その他

これらのほかに、ウェブワーキンググループや HCD 倫理規定検討ワーキンググループなどが存在する。

HCD-Net の設立当初、これらの活動の基本となるのは ISO 13407:1999（JIS Z 8530:2000）であり、この規格は一種のバイブルのような形で HCD-Net の活動を方向づけていた。ただしその後、UX、デザイン思考、サービスデザインなどの新概念が登場し、それらへの対応も求められるようになったため、現在は、脱 13407 の方向性を模索している。

6

ISO 9241-210:2010
（JIS Z 8530:2019）への改定

　ISO 13407 は、2010 年に改定された際に、人とシステムとのインタラクションに関わる人間工学の規格群である ISO 9241 規格群の一部に位置づけられ、ISO 9241-210 として発行された。改定の大きなポイントは、ユーザエクスペリエンス（UX）という概念を取り入れたところにある。UX という概念自体は、1998 年にノーマンによって提案されたもので、ノーマンは UX について「製品がどのように見え、学習され、使用されるかという、ユーザのインタラクションのすべての側面に関連するもの」であり、「UX には使いやすさだけでなく、最も重要なこととして製品が満たすべきニーズが含まれている」と説明している。

　ものづくりの現場や企画の際に、2000 年代くらいまでは、「ユーザビリティ」という概念が、キーワードとしてよく使われていたが、徐々にそれよりも広い意味を持つ UX という概念が積極的に使われるようになってきた。ISO の規格では、この UX という概念が提起されてから、遅れることおよそ 10 年、ISO 9241-210:2010 のなかでようやく定義されることとなった。もともと、人工物のユーザビリティを向上させるための設計アプローチとして、HCD の規格は提起されていたが、その一方で、UX の概念が広まっていったことで、ユーザビリティを考慮するだけでは問題の捉え方が狭いという批判も生じ、UX という概念を含めて人工物を設計していこうという流れが生じたわけである。しかしながら、UX という言葉の意味をきちんと考慮せずに使われるようになったことについては、ノーマン自身も 2007 年に批判している。

6.1 JIS 化に至る経緯

ISO 規格は5年に一度の頻度で見直すことになっているが、ISO 13407:1999 についての改定はおよそ10年後の2010年になされた。規格関係者の間に情報が公にされたのは2008年に出された DIS からである。その後の審議や FDIS への改定を経て、2010年に IS である ISO 9241-210 として成立した。

この規格を担当する TC159/SC4/WG6 の日本側関係者（ミラーグループ）の間では、さっそくこれを JIS 化するかを審議した。しかし、当時の経済産業省が、あまりたくさんの規格を出してほしくないという方針だったことと、内容的には ISO 13407:1999 から変化している部分もあるが、基本的な考え方に大きな変化がない改定に、すぐに対応をする必要はないだろうという判断をした。そのため、規格関係者の間でのみ情報が出回るという状況であった。

その後の動きについては、ISO 9241-210:2010 を訳した JIS Z 8530:2019 の解説には次のように書かれている。「しかし、スマートフォンなどの普及によるインタラクティブなシステム及びサービスの高度化及び拡大は目覚ましく、ユーザーエクスペリエンスの全体を考慮した設計開発の考え方であるユーザーエクスペリエンスデザイン（UX デザイン）の必要性が急速に高まった。特に、システム開発を主業とする企業のみならず、インターネットを通してサービスを提供する企業など、幅広い業種・業界に関心が広がってきた。こうした背景から、ユーザーエクスペリエンスの考え方を導入した規格を JIS として規定する要望が高まり、ISO 9241-210:2010 を基に、この規格を改正した」。このように、世間における UX に対する関心の高まりから、UX についても言及している ISO 9241-210:2010 の翻訳が期待され、なかば放置状態にあったその規格は急きょ翻訳 JIS 化されることになったのである。委員長には2016年に『UX デザインの教科書』を刊行した安藤昌也氏が就任し、筆者（黒須）は委員として委員会に参加することになった。

委員会は2016年8月から開始されたが、任意団体によってつくられた下訳の品質の出来があまり良くないこともあり、本委員会の冒頭から訳文についての議論が始まってしまった。そのため異例なことだが、最後の本委員会で、以後の訳文の調整については委員長に一任ということになった。2018年に委員

会後修正版が出され、2019 年 1 月になってようやく JIS Z 8530:2019 という形で公示されることになったが、本委員会メンバーには正式な連絡がないままの公布となった。

ただし、SC4/WG6 のほうでは、そうした JIS 化作業とは独立に、ISO 9241-210:2010 の改定作業が進んでおり、2017 年には WD（Working Draft）が、2018 年には FDIS が出され、2019 年 7 月には IS として公示されるに至った。つまり、ひとつ前のバージョンの ISO 規格が JIS 規格として出されたのと同じ年に、次のバージョンの ISO 規格が出されるという変則的な事態になったのである。

なお、2019 年版の JIS Z 8530 は、2000 年版同様 IDT（identical）、つまり ISO 規格の忠実な翻訳になっている。ちなみに次の 2021 年版は、不備の多かった ISO 9241-210:2019 に対して MOD（modified）として、必要な加筆修正を行ったものである。

6.2　ISO 9241-210:2010 における概念整理

ISO 13407 では用語の定義が 9 個しかなく、HCD すらきちんと定義されていなかったが、ISO 9241-210:2010 では用語の定義が 18 個に増え、そのあたりは拡充されている。ただし、冒頭の適用範囲のところには「この規格は、コンピューターを利用したインタラクティブシステムのライフサイクルの初めから終わりにおける、人間中心設計の原則及び活動のための要求事項及び推奨事項について規定する」と書かれているものの、ライフサイクルの定義が抜けており、設計の範囲なのかライフサイクル全体にわたるのかがきちんと規定されていない。この点は 5.4 節で指摘したとおりであるが、HCD の計画に関する章を読み込むと、「人間中心設計は、製品ライフサイクルの全ての段階、すなわち、構想、分析、設計、実現、試験、及び保守の各段階に計画され、組み込まれなければならない」との記載がある。

以下に重要な概念の定義についてみていくことにする。

（1）人間中心設計
HCD は、「システムの使用に焦点を当て、人間工学及びユーザビリティの知

識と手法とを適用することによって、インタラクティブシステムをより使える
ものにすることを目的としたシステムの設計及び開発へのアプローチ」と定義
されているが、やはり「人間工学とユーザビリティ」の範囲に留まっている。
その意味で、人間工学はどのように定義されているのかと思って人間工学を探
してみると次のように定義されている。

（2）人間工学

　人間工学の定義は「システムにおける人間とその他の要素との間の相互作用
の理解に関する科学の分野、並びに人間の福利及びシステム全体の遂行能力を
最適化するために、理論、原則、データ及び手法を設計に活かす専門分野」と
なっている。これは、日本人間工学会のサイトに掲載されている国際人間工学
連合（IEA）の定義、すなわち「人間工学とは、システムにおける人間と他の
要素とのインタラクションを理解するための科学的学問であり、人間の安寧と
システムの総合的性能との最適化を図るため、理論・原則・データ・設計方法
を有効活用する独立した専門領域である」とほとんど同じであり、この知識と
手法を適用するならばHCDというのはかなり広範な対象の設計に関わるもの
であると考えることができる。しかしそれでも、ISO 9241-210:2019で規格に
とりこまれたサステイナビリティ概念などまでを含めてしまうのはいささか困
難であるように思われる。

（3）ユーザビリティとアクセシビリティ

　まず、ユーザビリティの定義は「あるシステム、製品又はサービスが、指定
されたユーザーによって、指定された利用状況下で、指定された目標を達成す
るために用いられる場合の有効さ、効率及びユーザーの満足度の度合い」と
なっている。これはISO 13407:1999の定義とほとんど同じであり、違ってい
るのは、対象が製品だけでなく、システムやサービスを含むようになった点で
ある。下位概念である有効さ、効率、満足度についても変更はない。ただし、
特にサービスについては、その設計のあり方が製品とどのように違うのか、ど
のように設計を進めるべきなのかがきちんと書かれていない。

　次にアクセシビリティだが、これは「様々な能力をもつ最も幅広い層の人々
に対する製品、サービス、環境又は施設（のインタラクティブシステム）の
ユーザビリティ」と定義されている。しかし、これはおかしいのではないか。

- - - - -

ユーザビリティの定義に含まれていた「指定された」という修飾語が外れて「様々な能力をもつ最も幅広い層の人々」を対象とするようになってしまっている。言い換えれば、ユーザビリティとアクセシビリティを同時に実現することは不可能だということになるはずだが、アクセシビリティの定義では、最後にこれは「ユーザビリティ」であると言っている。概念的な整理が充分ではないといえる。

（4）インタラクティブシステム

これは「ユーザーからの入力を受信し、出力を送信するハードウェア、ソフトウェア及び／又はサービスの組合せ」と定義されている。ISO 13407:1999 の「ユーザーの仕事の達成をサポートするために、人間のユーザーからの入力を受信し、出力を送信する、ハードウェアとソフトウェアの構成要素によって結合されたもの」という定義よりも簡潔になっている。ただ、受信や送信といった JIS Z 8530:2000 や 2019 での訳語は通信場面を想起させるので、もっと一般的に表現したほうがよいのではないだろうか。ちなみに ISO 9241-210:2010 では「combination of hardware、software and/or services that receives input from、and communicates output to users」と記されている。

（5）ユーザーエクスペリエンス

これは ISO 13407:1999 には含まれていなかった概念であり「製品、システム又はサービスの使用及び／又は使用を想定したことによって生じる個人の知覚及び反応」と定義されている。これには注記が付いており、次のようになっている。

注記 1　ユーザーエクスペリエンスは、使用前、使用中及び使用後に生じるユーザーの感情、信念、し好、知覚、身体的及び心理的反応、行動など、その結果の全てを含む。

注記 2　ユーザーエクスペリエンスは、ブランドイメージ、提示、機能、システムの性能、インタラクティブシステムにおけるインタラクション及び支援機能、事前の経験・態度・技能及び人格から生じるユーザーの内的及び身体的な状態、並びに利用状況、これらの要因によって影響を受ける。

注記 3　ユーザビリティは、ユーザーの個人的な目標の観点から解釈された

とき、通常はユーザーエクスペリエンスと結び付いた知覚及び感情的側面の類を含めることができる。ユーザビリティの基準は、ユーザーエクスペリエンスのいくつかの側面を評価するために使用できる。

　UX の定義として不適切な表現ではないと考えられるものの、ユーザビリティの定義と比較すると一気にその内包が拡大したように思える。しかし、UX の幅広さを表現するには、このように多少曖昧な定義にしておくのは無難なことだったとも考えられる。

6.3　HCD 活動の成果

　HCD 活動のアウトプットの例は表 6-1 のように描かれている。このような成果物は、ISO 9241-210:2019 では、6.8 節で説明するプロセスモデルの図のなかに含まれている。なお、のちの ISO 9241-210:2019 の JIS 化の際に明らかになったことであるが、この表における要求事項に対する設計の評価の行でHCD の成果物として記載された内容は誤りである。この項目に書かれている「評価結果」や「適合試験結果」、「長期モニタリング結果」というのは、HCDの成果に含まれる情報の例であって、HCD の成果ではない。この項目に掲載すべき HCD の成果は「ユーザビリティ試験報告書」、「フィールド調査報告書」、「ユーザ調査報告書」が正しい。

表 6-1　人間中心設計活動による成果物の例（JIS Z 8530:2019 より）

活動	人間中心設計の成果物
利用状況の把握及び明示	利用状況の記述
ユーザー要求事項の明示	利用状況の仕様書 ユーザーニーズの記述 ユーザー要求事項の仕様書
ユーザー要求事項を満たす設計案の作成	ユーザーとシステムとのインタラクションの仕様書 ユーザーインタフェースの仕様書 ユーザーインタフェースの実装
要求事項に対する設計の評価	評価結果 適合試験結果 長期モニタリング結果
注記）それぞれの成果物のより詳細な情報は、ISO/IEC TR 25060 に記載されている。	

6.4 HCD を適用することの利点（根拠）

JIS Z 8530:2019 には、次の 7 つが HCD を適用する根拠として書かれている。

a）ユーザーの生産性及び組織の運用効率の向上
b）理解と使用とを容易化することによる訓練及びサポート費用の削減
c）より幅広い能力をもつ人々のためのユーザビリティの向上、すなわち、アクセシビリティの向上
d）ユーザーエクスペリエンスの改善
e）不快さ及びストレスの削減
f）ブランドイメージを向上することによる競争優位性の提供など
g）持続可能性目標に向けた貢献

このうち c) は、ユーザビリティとアクセシビリティを一緒に説明しようとしたのかもしれないが、結局のところアクセシビリティの説明にしかなっていない。HCD はもともと、ユーザビリティの向上を目指すための設計プロセスとして ISO 13407:1999 で規定された規格であるという経緯からも、ユーザビリティはどこに消えてしまったのか、いささか謎である。

6.5 HCD の原則

HCD の原則として、ISO 13407:1999 では 4 つしか挙げていなかったが、ISO 9241-210:2010 では 6 つに増えている。

a）ユーザー、タスク及び環境の明確な理解に基づいて設計する
b）設計及び開発の全体を通してユーザーが関与する
c）ユーザー中心の評価に基づいて設計を方向付け、改良する
d）プロセスを繰り返す
e）ユーザーエクスペリエンスを考慮して設計する
f）設計チームに様々な専門分野の技能及び視点をもつ人々がいる

ISO 13407:1999 と比較すると、もともとの「b）ユーザーと技術に対する適切な機能配分」がなくなり、新たに「b）設計及び開発の全体を通してユーザーが関与する」、「c）ユーザー中心の評価に基づいて設計を方向付け、改良する」、「e）ユーザーエクスペリエンスを考慮して設計する」が追加されている。ユーザの関与と評価に重点を置いたことのほかに、UX を取り扱うことが明記されている点が特徴的である。

ただし、ISO 9241-210:2010 では、UX に関して言及されているわりには、それをどのようにして達成するのか、どのようにして測定するのか等が説明されておらず、理念的な記述にとどまっている。これは原規格の問題である。

6.6 ISO 9241-210:2010 における HCD プロセス

HCD におけるプロセス（規格の言葉を使えば、相互依存性）は、図 6-1 のようになっている。

大きな変更点は、ISO 13407:1999 では単なる線でつながれていた各活動段階が矢印によってつながれるようになっている点、そして評価から設計案の作成と要求事項の明示に至る矢印が追加された点である。ISO 13407:1999 と同様

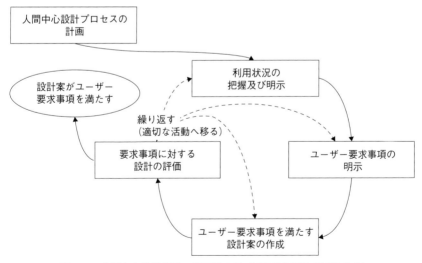

図 6-1 人間中心設計活動の相互依存性（JIS Z 8530:2019 より）

に、設計案の作成の説明には、「c）ユーザー中心の評価及びフィードバックに応じて設計案を変更する」という記述があり、形成的評価の一部が設計案の作成段階にも含まれている。しかし、ISO 9241-210:2010 では、評価から設計案の作成に至る戻り矢印が追加されたことにより、評価の段階が形成的評価であることが明示されるようになった。

また、戻り矢印が 3 本になって、「適切な活動へ移る」と書かれているように、あまり頻繁にではないにせよ、実際の設計現場では上流や中流への戻り作業が発生することに対応するようになっている。

さらに、最初の「人間中心設計プロセスの計画」が丸枠ではなく設計プロセスにおける活動と同じく四角い枠になっていることも注目される。これは、最後の「設計案がユーザー要求事項を満たす」ことがひとつの状態であるのに対し、「計画」は活動段階であるとの認識に基づくものであろう。

6.7 ISO 9241-210:2010 の意義

以上で見てきたように、ISO 9241-210:2010 は大枠として ISO 13407:1999 と異なることはないが、アクセシビリティ、UX などの概念を追加することに対応して、随所で変更が加えられている。ただ、特に UX の追加については、もう少し慎重な対応をすることが望ましかったように思われる。設計の原則（6.4.2.1）で「ユーザーエクスペリエンスのための設計は、有効さ及び効率と同様にユーザの満足度（感情的及び審美的側面を含む）を考慮する革新のプロセスである。設計はいいユーザーエクスペリエンスを達成するために様々な創造的アプローチを伴う」と書かれているが、満足度については ISO 13407:1999 の段階からユーザビリティに含まれていた概念であり、それを改めて UX のための考慮事項と言ってしまうとかえって UX とユーザビリティの間に混乱が発生する。また UX のための独自の設計手法や評価手法に言及されていないことについては、すでに述べたとおりである。

7

ISO 9241-11:2018
（JIS Z 8521:2020）への改定

　ISO 規格は、各国の TC（専門委員会）または SC（分科委員会）の幹事な
どによって新たな規格の策定、および現行規格の改定の提案がされた後、投票
により実施が決定される仕組みになっている。ISO 9241-11 の改定の提案は
2011 年に行われ、2013 年から改定作業とその審議が始まった（Bevan et al.
2015）。ISO 9241-11 の改定の審議は 2017 年に終了し、2018 年に「Ergonom-
ics of human-system interaction —Part11: Usability: Definitions and con-
cepts」として改定された ISO 9241-11 が発行された。それにともない、日本
人間工学会で 2018 年に JIS 原案作成委員会が組織されて JIS 原案を作成し、
2020 年に新しい JIS Z 8521「人間工学—人とシステムとのインタラクション
—ユーザビリティの定義及び概念」が公示された。

　JIS Z 8521:2020（ISO 9241-11:2018）のタイトルは、下記の理由で JIS Z
8521:1999（ISO 9241-11:1998）から変更された。すなわち、4 章で述べたよう
に ISO 9241 シリーズのタイトル「視覚表示装置を用いるオフィス作業（Ergo-
nomic—Office Work with Visual Display Terminals（VDTs））」が、2006 年
以降は「人間とシステムの相互作用の人間工学（Ergonomics of Human-Sys-
tem Interaction）」となったことに合わせて、主題が変更された。また、ユー
ザビリティの定義や手引きだけではなく、ユーザビリティの定義と合わせてそ
の概念が整理された。内容も図としてまとめられる形に変更になったため、後
半の各パートのタイトルも変更となった。

7.1 ユーザビリティの概念

　JIS Z 8521:2020（ISO 9241-11:2018）では、ユーザビリティの定義だけではなく、それに関連する概念とともにユーザビリティの概念が図として整理され、説明されている（図7-1）。ユーザビリティの概念の定義に関しては、JIS Z 8521:1999（ISO 9241-11:1998）でもなされていたが、当時はユーザビリティの下位尺度として「有効さ」と「効率」、「満足度」を規定していた。新しい規格では、ユーザビリティを「利用の成果」の一つと位置づけ、さらにその「下位尺度」ではなく「構成要素」として、「効果」、「効率」、「満足」の3つからユーザビリティが成るとした。なお、有効さと効果は、英語ではともに effectiveness である。

　また、ユーザビリティが達成される度合いは、利用状況の特性によって異なると記されている。利用状況には、例えば、対象の人工物が何なのか、ユーザの達成したい目標がどのようなものなのか、そのなかでユーザがどのようなタスクを行うのか、そもそも誰がユーザなのか、利用に際して費やせる資源がどの程度あるのか、どのような環境で利用するのか、といったことが含まれる。同じ人工物を利用したとしても、どのような状況で誰がどんなことをするのかなどによって、利用の結果として得られるユーザビリティのレベルが大きく変動する可能性が高い。言い換えれば、ユーザビリティは、ユーザの特性や能力などの個人差、ユーザが行うタスクの特性、環境（物理的、社会的、文化的、組織的）の影響を受けるものである。

　ユーザビリティの定義本体は、ISO 9241-11:1998 では製品のみだった対象が、ISO 9241-11:2018 では製品に加えて、システムとサービスへも拡張したこと以外は変わっていない。しかしながら、JIS 規格においては、JIS Z 8521:1999 の「ある製品が、指定された利用者によって、指定された利用の状況下で、指定された目的を達成するために用いられる際の、有効さ、効率及び利用者の満足度の度合い」という訳では、何が誰によってどのように「指定される」のか不明瞭なこと、そもそも何かが指定されうるものなのかという議論が起こった。そこで、JIS Z 8521:2020 では「特定のユーザが特定の利用状況において、システム、製品又はサービスを利用する際に、効果、効率、及び満

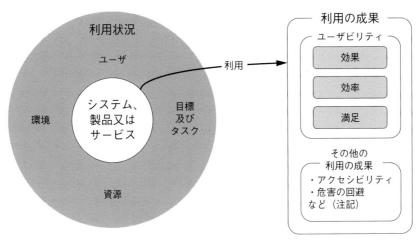

（注記）例えば、ユーザエクスペリエンスの一部

図 7-1　ユーザビリティの概念図（JIS Z 85321:2020 より）

足を伴って特定の目的を達成する度合い」とユーザビリティの概念の定義の訳を一部変更した。

　また、ISO 9241-11 の改定の際に変更されたユーザビリティの 3 つの構成要素の定義は、次のように変更された。効果は「ユーザが特定の目標を達成する際の正確性及び完全性」と定義され、正確性と完全性とに細分化された。効率は、「達成された結果に関連して費やした資源」と定義され、典型的な資源として、所要時間や消費された労力、コスト、材料などがあげられている。満足の定義は大きく変更され、「システム、製品又はサービスの利用に起因するユーザのニーズ及び期待が満たされている程度に関するユーザの身体的、認知的及び感情的な受け止め方」というものとなり、ユーザの認知的反応と感情的反応、身体的反応の 3 つの観点から整理し、これらの観点を満足の測定に利用する場合があるとした。その他に、満足には実際の利用に伴う UX がユーザのニーズや期待を満たしている程度を含み、利用前に生じる期待は実際の利用に伴う満足に影響を与える可能性があるといった趣旨の注記も加えられた。

7.2　利用の成果における UX の扱い

　JIS Z 8521:2020（ISO 9241-11:2018）におけるユーザビリティの定義や概念の説明では、ユーザが人工物を利用して目標を達成することを主眼にした表現になっている。人工物の利用によって得られる成果の一つとしてユーザビリティを説明することに加えて、図7-1 に示したように、「その他の利用による成果」としてアクセシビリティや利用による危害の回避、UX もあげられている。

　図7-1 における「利用の成果」という表現と「注記」は、JIS 化の際に加えられたものである。この背景には、国内委員会で修正を要求してきた関連規格 ISO 9241-220:2019 とそこで新たに用いられた HCQ（Human Centered Quality）という言葉の存在がある。ISO 9241-220 では、HCQ をユーザビリティ、アクセシビリティ、利用による危害の回避、UX から構成される品質概念と説明している。しかしながら、UX は一種の価値概念とされており、価値概念を品質概念とみなした場合、人工物を設計評価する企業や事業者に混乱を与えることが懸念されたため、国内委員会では一貫してその修正を要求してきた。原案作成員会による審議の結果、HCQ という概念は、ユーザとシステムとのインタラクションにおいて対象となる複数の品質概念をくくる outcomes に対応した便宜的表現であると判断されるに至った。さらに、JIS Z 8521:2020（ISO 9241-11:2018）で UX は「システム、製品又はサービスの利用前、利用中及び利用後に生じるユーザの知覚及び反応」と定義されているが、利用の成果は使用中と使用後に生じた結果を意味するため、使用前の UX は利用の成果には該当しない。このことから、利用の成果に含まれる UX は、すべての UX ではなく「UX の一部」であると判断された。これらが、図7-1 の「利用の成果」や「注記」といった形で、ISO 9241-11:2018 を JIS 化する際に議論の末に変更された個所の経緯である。

7.3　ユーザビリティの概念の適用

　JIS Z 8521:1999（ISO 9241-11:1998）は、視覚表示装置（VDT: Visual Display Terminal）を利用した作業の設計やその評価をするために、ユーザの作

業成績や満足度という点から、ユーザビリティを測定し、考慮すべき情報を識別する方法を規定したものである。前述のように、ISO 9241 シリーズの範囲が視覚表示装置を利用した作業以外にも拡張されたことで、ユーザビリティの概念の適用範囲が拡大された。さらに、近年の情報通信技術の基盤の整備に伴ってサービス分野への応用的拡張も踏まえ、製品に加えて、システムとサービスも対象に加えられた。これらのことから、JIS Z 8521:2020（ISO 9241-11:2018）では、ユーザビリティの適用範囲の枠組みを次のように分類し、新しく「ユーザビリティの適用」についての箇条（章）を設けている。

- システム：製品、サービス、構築環境、またはそれらの組合せ、人々で構成されるもの
- 製品：人または機械によって作られたもの
- サービス：情報通信技術によって顧客に価値を提供する手段

新たに追加された「ユーザビリティ概念の適用」の箇条では、設計開発で達成すべきユーザビリティ、調達やレビュー、比較などの活動においてユーザビリティを考慮することのメリット、マーケティングや市場調査へのユーザビリティの活用例などについて述べている。

7.4 ユーザビリティ評価と測定尺度

JIS Z 8521:2020（ISO 9241-11:2018）では、ユーザビリティの概念を説明する際に、「効果、効率及び満足は、ユーザ、目標及び利用状況のほかの構成要素による影響を受けるため、システム、製品又はサービスのユーザビリティを測定する単一固有の尺度はない」としている。しかしながら、附属書の中では、ユーザビリティ評価への様々なアプローチとその際の例（表7-1）とユーザビリティの尺度の例（表7-2）をそれぞれ示している。これらの表に示すようなユーザビリティの測定尺度は、ユーザ要求事項の明示や要求事項を満たしているか否かの評価や人工物の比較、ユーザビリティテストやインスペクション評価を行う際に使われることが想定されている。

表7-1 は、ユーザビリティの構成要素である効果と効率、満足を測定するた

表 7-1　ユーザビリティ評価へのアプローチ及び測定尺度の事例
（JIS Z 8521:2020　附属書　表 A.1 より）

アプローチ	測定尺度の例
a) 明示された基準に対する評価対象の偏りを特定するための検査	要求事項、原則、設計指標又は確立した慣習に適合する度合い
b) タスクの完遂を試みる際に生じる可能性のあるユーザビリティの問題を特定する検査	問題の数及び影響度
c) テスト環境又は実環境における実際のユーザビリティの問題を特定するためのユーザ行動の観察	問題の数及び影響度
d) テスト環境又は実環境におけるユーザのパフォーマンス、すなわち、効果及び効率の測定	正確さ及び完全さの測定尺度並びに（時間、資金などの）資源の利用度合い
e) テスト環境又は実環境における満足の測定	満足の度合いから得られる測定尺度

めの尺度、ユーザビリティに関連する問題を見つけ出すためのアプローチとその際の尺度について例示している。特に d) と e) のアプローチは、ユーザから直接、効果や効率、満足といった構成要素の度合いを測定するものである。

　また、JIS Z 8521:1999（ISO 9241-11:1998）では、表 4-1 で示したように、ユーザビリティの 3 つの下位尺度に関して測定するための例を示しているが、JIS Z 8521:2020（ISO 9241-11:2018）では、具体的なユーザの目標ごとに使われる可能性のある測定尺度を示す形で変更されている（表 7-2）。例えば、「券売機でチケットを購入する」や「表計算ソフトウェアでの集計表の作成方法を習得し新しいスキルを獲得する」などの具体的な目標に対して、効果と効率、満足の測定に用いられうる尺度について、さらにその測定尺度が客観的か主観的かも区別して例示する形に変更している。

　ユーザビリティは、基本的には客観的な測定尺度を用いて行うことが多い一方で、効果や効率、そして特に満足に関してはユーザに尋ねて主観的な印象を把握することも重要となるため、これらのユーザビリティの構成要素に対して、客観的尺度による測定に加えて主観的な測定尺度の項目が追加された。

表 7-2 ユーザビリティ測定尺度の例（JIS Z 8521:2020 附属書 表 A.2 を改変）

目標	効果の測定尺度		効率の測定尺度		満足の測定尺度	
	客観的	主観的	客観的	主観的	客観的	主観的
券売機でチケットを購入する	利用結果の正確さ（例：有効な切符が購入できたか否か） タスク達成率（例：想定されるユーザグループでタスクを達成できたユーザの割合） 券売機を改善しなかった場合にユーザが金銭を失う頻度	想定していた旅行手段として、購入した切符が有効であるというユーザの認識 購入した切符が有効であることを正しく理解しているユーザの割合	タスク達成までの所要時間 タスク達成までのコスト	タスク達成までの所要時間に対するユーザの認識 タスク達成までのコストに対するユーザの認識	券売機を再利用する頻度（観測結果）	タスク達成又は券売機に対する満足 所要時間に対する満足 信用に関する測定尺度 他者に利用を薦める傾向
表計算ソフトウェアでの集計表の作成方法を習得し新しいスキルを獲得する	集計表を正しく作成できたかどうか 1週間後でも正しく利用できたかどうか 集計表の作成方法を誤って理解したために正しくない結果となる頻度	正しく適用できたとするユーザの認識 再び利用できる能力に対するユーザの認識	タスク達成までの所要時間 タスク達成までのコスト	タスク達成までの労力に対する認識	表計算ソフトウェアで集計表を作成する頻度	専門知識を習得したことに対する満足

▼
8

ISO 9241-210:2019
（JIS Z 8530:2021）への改定

　HCD の考え方は、ISO 13407:1999（JIS Z 8530:2000）によって、国内にも広く普及してきた。主に製造業では関連部署が設置されたり、2004 年に創立された NPO 法人人間中心設計推進機構（HCD-Net）でも、2009 年に HCD の専門家の認定資格制度が創設されたりするなど、具体的な取り組みも活発に行われてきた。さらに、製造業だけでなく、インターネットを介したサービスを提供する事業者などの多様な業種においても、HCD 及び人間工学についての関心が高まってきている。

　ISO 9241-210 の再改定の背景には、HCD の規格はユーザビリティの向上を目指すための具体的な設計プロセスとして制定された経緯からも、先に審議が行われていた ISO 9241-11:2018 と内容の整合を図る必要性があると国際委員会の中で合意が得られたことがある。2 つの規格の関連性の強さから、7 章で説明した ISO 9241-11 の改定に続いて ISO 9241-210 も改定することが決定した。ISO 9241-210 の改定の審議は 2018 年に終了し、2019 年 7 月に ISO 9241-210:2019「Ergonomics of human-system interaction —Part 210: Human-centred design for interactive systems」が発行された。

　日本においては、JIS Z 8530:2019（ISO 9241-210:2010）が 2019 年 1 月に公示されたばかりということもあり、ISO 9241-210:2019 の JIS 化の実施の可否について様々な議論がなされた。その結果、JIS Z 8530:2019（ISO 9241-210:2010）の中の誤りや日本語訳の誤り、日本語としての可読性の低さに加え、特に ISO 9241-210 が規定された経緯や ISO 9241-11 と密な関係にある特殊性が理由となって、JIS Z 8530 の再改定が決定された。特に、ISO 9241-

210:2019 と ISO 9241-11:2018 における用語とその定義は、それぞれの改定作業時に相互に対応するように変更されてきたため、ISO 9241-11:2018 を訳した JIS Z 8521:2020 と JIS Z 8530 も内容を整合させることが必須であることが、JIS Z 8530 の再改定を決定する上での主たる理由となった。実際に、ISO 9241-210:2019 では、ISO 13407:1999 （JIS Z 8530:2000） および ISO 9241-210:2010 （JIS Z 8530:2019）で規定された HCD に関する原則や考え方については大きな変更が行われなかったものの、HCD に関連する用語の定義はその8 割以上が変更されている。これらのことから、日本人間工学会にて JIS 原案作成委員会を組織して JIS 原案を作成した。筆者（橋爪）は、その委員会の委員長を担当した。JIS 原案作成委員会での審議は 2020 年 3 月に終了し、2021 年 3 月に JIS Z 8530:2021 が公示された。

8.1 概念整理

ISO 9241-210:2019 では、HCD に関連する用語とその定義の数には変更がなかったものの、次の用語が ISO 9241-210:2010 から書き換えられ、または参照規格が変更された。これらの用語のうち、*を付した用語については、JIS Z 8530:2021 の日本語訳を JIS Z 8521:2020 に合わせた。

(1) アクセシビリティ

(2) 利用状況*

(3) 効果*

(4) 効率*

(5) 人間工学、ヒューマンファクターズ、エルゴノミクス

(6) 目標*

(7) インタラクティブシステム*

(8) 満足*

(9) ステークホルダ*

(10) タスク*

(11) ユーザビリティ*

(12) ユーザ*

（13）ユーザエクスペリエンス*

（14）妥当性確認

（15）検証*

　改正の特長として、定義の 8 割以上が変更になったことが挙げられるが、そのうちの一つが UX の定義の変更と注釈の追加である。ISO 9241-210:2010 が改訂された際には、UX は、対象の利用や利用を想定した知覚と反応であり、ブランドイメージや嗜好も影響するとされてきた。この定義では、UX は価値を意味することになり、品質とは異なる意味合いになっている。一方で、7.2 節で述べたように、ISO 9241-11:2018 の改定時に一種の価値概念とされている UX を、品質概念とみなすような表現があった。そこで、UX の定義について国際委員会内で議論され、最終的には UX の定義は変更され、さらに注釈 4 が加えられることになった。なお、JIS Z 8530:2021 では UX の定義は次のようになっている。

ユーザエクスペリエンス（user experience）
システム、製品又はサービスの利用前、利用中及び利用後に生じるユーザの知覚及び反応

注釈 1　ユーザの知覚及び反応は、ユーザの感情、信念、し好、知覚、身体的及び心理的反応、行動並びに達成感を含む。

注釈 2　ユーザエクスペリエンスは、ブランドイメージ、表現、機能、性能、支援機能及びインタラクションの影響を受ける。また、ユーザの事前の経験、態度、技能、個性によって生じる内的及び身体的な状態、利用状況などの要因の影響を受ける。

注釈 3　"ユーザエクスペリエンス"という用語は、ユーザエクスペリエンス専門家、ユーザエクスペリエンスデザイン、ユーザエクスペリエンス手法、ユーザエクスペリエンス評価、ユーザエクスペリエンス調査、ユーザエクスペリエンス部門といった、能力又はプロセスを表すこともある。

注釈 4　人間中心設計では、インタラクティブシステムの設計に関連する

ユーザエクスペリエンスだけを管理する。

（出典：JIS Z 8521:2020 の 3.2.3）

　しかしながら、ISO 9241-210:2019 の UX の定義の項目で参照規格となっている ISO 9241-11:2018（JIS Z 8521:2020）では、UX の定義に注釈 3 と 4 が存在しているものの、ISO 9241-210:2019 では NOTE が 2 までしか記載されていない。この点について ISO 9241-210:2019 のエディタに問い合わせたところ、単なる掲載忘れとのことだったため、JIS Z 8530:2021 では注釈 3 と 4 を追加して、ISO 規格とは異なる箇所を示す点線の下線を付して表記した。特に注釈 4 の内容は、HCD の規格としては重要なポイントである。

8.2　HCD 活動の成果

　JIS Z 8530:2021（ISO 9241-210:2019）では、HCD に基づく開発を決定した場合に行わなければならない活動として、次の 4 つを挙げ、これらを HCD の活動として説明している。

- 利用状況の理解及び明示（Understand and specify the context of use）
- ユーザ要求事項の明示（Specify the user requirements）
- ユーザ要求事項に対応した設計解の作成（Produce design solutions to meet these requirements）
- ユーザ要求事項に対する設計の評価（Evaluate the designs against requirements）

　JIS Z 8530:2019（ISO 9241-210:2010）では、これらの活動はそれぞれ「利用状況の把握及び明示」、「ユーザ要求事項の明示」、「ユーザ要求事項を満たす設計案の作成」、「要求事項に対する設計の評価」と訳されていたが、こうした表現の変更は、ISO 規格の英語表現のニュアンスを損なわないよう、かつ訳のゆれをなくし、さらに JIS Z 8521:2020 の表現に合わせる形で訳すこととした結果である。これらの HCD の活動による成果や成果に含まれる情報の例は、表としてまとめられている（表 8-1）。右列の「成果に含まれる情報の例」の項

表 8-1　人間中心設計の活動による成果物の例（JIS Z 8530:2021 より）

活動	人間中心設計の成果	成果に含まれる情報の例
利用状況の理解及び明示	利用状況記述書	ユーザグループプロファイル 現状のシナリオ ペルソナ
ユーザ要求事項の明示	ユーザニーズ記述書 ユーザ要求事項仕様書	特定のユーザニーズ 抽出したユーザ要求事項 設計の手引き
ユーザ要求事項に対応した設計解の作成	ユーザシステムインタラクション仕様書 ユーザインタフェース仕様書 実装されたユーザーインタフェース	使い方のシナリオ プロトタイプ
ユーザ要求事項に対する設計の評価	ユーザビリティ試験報告書 フィールド調査報告書 ユーザ調査報告書	評価結果 適合試験結果 長期モニタリング結果
注記）それぞれの成果に関するより詳細な情報は、ISO/IEC TR 25060 参照。		

目は、ISO 規格の改定で新たに追加されたものである。これに関しては、6.6 節で述べたように、「ユーザ要求事項に対する設計の評価」の行における「HCD の成果」の内容が誤りで、中央と右の列に記載された内容が最下段のみ逆になっていたことがエディタから確認できた。そのため、JIS Z 8530:2021 においては、正しい情報に修正して記載するため、「ユーザ要求事項に対する設計の評価」の行の中央と右の列の内容を入れ替えて、それぞれ点線の下線を付す形とした。なお、本書に掲載している表 8-1 は正しい内容である。

8.3　HCD を適用することの利点（根拠）

　HCD に基づくアプローチを設計や開発に適用することの利点（根拠）に関する記述は、JIS Z 8530:2000（ISO 13407:1999）では 4 つだったが、JIS Z 8530:2019（ISO 9241-210:2010）では 7 つに増え、JIS Z 8530:2021（ISO 9241-210:2019）では、さらに以下の 8 つになっている。

　　a）ユーザの生産性及び組織の運用効率の向上
　　b）システムの利用方法を理解しやすくすることによる訓練及び顧客支援にかかる経費の削減
　　c）ユーザビリティ（効果、効率及び満足）の向上
　　d）アクセシビリティの向上（ユーザニーズ、特性及び能力の範囲が最も

広い母集団の人々に対して）

e）ユーザエクスペリエンスの部分的な改善（JIS Z 8521 参照）

f）不快及びストレスの低減

g）競争優位性の確保（例えば、ブランドイメージの向上による）

h）持続可能性の目標に向けた貢献

　改定時に変更された点は、この c）のユーザビリティと d）のアクセシビリティを分離した点である。これらは ISO 規格ですでに変更になっていたが、e）に関しては、UX の「部分的な改善」と UX のすべてを事前に設計時に設計できるわけではないことを明示する形で、JIS 化の時に表現を変更している。また、ISO 9241-210:2019 では、ISO 9241-220:2019 を参照する形で HCQ（Human Centered Quality）という用語を用いて、HCD に基づくアプローチによって HCQ を向上させることが可能であると述べられているが、HCQ についての定義はない。HCQ の概念については、7.2 節でも述べたように、JIS Z 8521:2020 の原案作成時にも問題となり、審議の結果「outcome of use」と同じ意味であることが確認され、「利用の成果」と訳されることとなった。利用の成果の構成要素は、HCQ と同様にユーザビリティ、アクセシビリティ、利用による危害の回避、UX の一部（使用前における UX は含まない）である。これらの経緯を踏まえ、JIS Z 8530:2021 では、「人間中心設計に基づくアプローチによって、JIS Z 8521 で規定されている"利用の成果"（ユーザビリティ、アクセシビリティ、利用による危害の回避）を向上させることが可能になる」といった形で ISO 9241-220:2019 の参照を JIS Z 8521 に置き換え、「利用の成果には、ユーザエクスペリエンスの一部を含む」という注記を加えた。さらに、e）を「UX の部分的な改善」としたうえで、「JIS Z 8521 参照」という記載も追加した。

　この e）の「UX の部分的な改善」や注記の「利用の成果には、UX の一部を含む」という表現は、まず、本書の 8.1 で示した UX の定義において、「HCDで扱える UX は設計に関連した UX のみ」という趣旨の注釈が付されているように、人工物の利用に関わるすべての UX を、事前に設計できるわけではないことを意味している。また、JIS Z 8521:2020 の中でも人工物の「利用の成

果」として、ユーザビリティ、アクセシビリティ、利用による危害の回避、UX の 4 つが挙げられているが、「利用の成果」とは、使用中と使用後に生じた結果を意味するため、使用前の UX は「利用の成果」には該当しない。したがって、「利用の成果」に含まれる UX とは、すべての UX ではなく使用中と使用後の UX のみであるため、JIS Z 8530:2021 では、「UX の部分的な改善」や「一部の UX」という表現が採用されている。

8.4　HCD の原則

　JIS Z 8530:2021（ISO 9241-210:2019）における HCD の原則は、JIS Z 8530:2019（ISO 9241-210:2010）からの内容的な変更はないが、日本語訳は変更している。

　　a）ユーザ、タスク及び環境の明確な理解に基づいて設計する
　　b）ユーザは設計及び開発の全体を通して関与する
　　c）ユーザの視点からの評価に基づいて設計を方向付け、改良する
　　d）プロセスを繰り返す
　　e）ユーザエクスペリエンスを考慮して設計する
　　f）様々な専門分野の技能及び視点をもつ人々を設計チームに加える

　f）の「様々な専門分野の技能及び視点をもつ人々を設計チームに加える」に関しては、HCD を行う設計チームは大規模である必要はないと説明されている。一方で、設計と実装の際にユーザ要求事項とは両立しない問題が生じる可能性があり、人工物の設計方針に関する意思決定を行う際に、多様な意見を出せるチーム編成にすることが望ましいと述べられている。
　なお、設計や開発のチームには、次の技能分野に関係する人たちを含めることを推奨している。

　　a）人間工学、ユーザビリティ、アクセシビリティ、ヒューマン・コンピュータ・インタラクション、ユーザリサーチ
　　b）ユーザ及びその他のステークホルダグループ（またはその視点を代表

できる者）

c） アプリケーション分野の専門知識、関連領域の専門知識

d） マーケティング、ブランディング、販売、技術支援及び保守、健康及び安全

e） ユーザインタフェース、ビジュアルデザイン、プロダクトデザイン

f） テクニカルライティング、研修、顧客支援

g） ユーザの管理、サービスの管理及びコーポレートガバナンス

h） 経営分析、システム分析

i） システム工学、ハードウェアに関わる工学及びソフトウェア工学、プログラミング、生産・製造及び保守

j） 人的資源、持続可能性及びその他のステークホルダ

8.5 HCD の活動の関係図

　HCD の活動は、ISO 規格の改定の際に新たに詳細が変更され、「人間中心設計の活動の相互関連性」としてまとめられている（図8-1）。図のタイトルは、JIS Z 8530:2019（ISO 9241-210:2010）では「人間中心設計活動の相互依存性」と訳されたが、HCD の活動は依存関係を持っているわけではないため、JIS Z 8530:2021（ISO 9241-210:2019）では「人間中心設計の活動の相互関連性」という訳に決まった。ほかに ISO 改定時に変更された点は、HCD の計画と HCD の活動を区別し、HCD の活動として、「利用状況の理解及び明示」、「ユーザ要求事項の明示」、「ユーザ要求事項に対応した設計解の作成」、「ユーザ要求事項に対する設計の評価」の 4 つの活動を挙げている点である。さらに図中には、これらの活動ごとに成果に含まれる情報の例を新たに加えている。

　また、図 8-1 については、JIS Z 8530:2021 の原案作成委員会の際に「矢印の違いがわかりにくい」というコメントが挙がったため、図の下に注記として 2 種類の矢印が示している関連性について、「図中の矢印は、実線のものは各活動の関連性を、破線のものは評価の結果に基づいて繰り返される活動との関連性をそれぞれ示す」という説明を JIS Z 8530:2021 では加えている。そのほかに JIS 化の際に変更した点は、図中の箇条 7 のタイトルに記載された内容をそのまま訳すと「プロジェクトの開発プロセスにおける人間中心設計の活動」

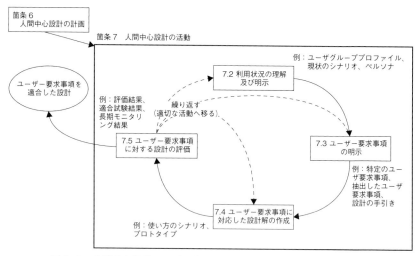

図 8-1　人間中心設計の活動の相互関連性（JIS Z 8530:2021 より）

となり、本文や目次との整合性が取れないため、本文や目次に合わせる形で「人間中心設計の活動」に修正した。この点については本文内で、「人間中心設計の活動は、プロジェクトに関する組織の設計アプローチに組み込まれることが望ましい」という説明があるため、技術的な差異はないものと考えられる。

　なお、規格の中には、製品やシステム、サービスの開発の必要性を特定した後に HCD に基づく開発を行うことを決定した場合には、いかなるインタラクティブシステムの設計においても、これらの 4 つの HCD の活動を行わなければならないという趣旨の記述がある。それと同時に HCD の活動はプロジェクトに関わる組織の設計アプローチに組み込んでいくものだとし、プロジェクトに応じて適切な活動から取り組むことを許容している。

8.6　JIS Z 8530:2021 の意義

　JIS Z 8530:2021 の意義は、ISO 規格での誤りの訂正と可読性（読みやすさ）の向上にあると筆者（橋爪）は考えている。前者には、8.2 節や 8.5 節で述べたような図表中の表記の誤りなども含むが、最も影響力があるものとして、ISO 規格内でのユーザビリティと UX の概念の混同問題への対処があり、これ

らの概念を正しく広めるのに貢献している。8.1 節で説明したように、UX の定義の注釈 4 として、「人間中心設計では、インタラクティブシステムの設計に関連するユーザエクスペリエンスだけを管理する」と記載されることになったものの、ISO 9241-210:2019 の本文中には、ユーザビリティの意味で UX という用語が使用されている箇所が存在している。しかしながら、一般的にも UX 及びユーザビリティの概念は全く異なるものであり（黒須 2020）、定義の章の中にもそれぞれの定義は異なるものとして記載されている。JIS 化の原案作成委員会での審議の結果、定義と異なる意味で用語を使用することはこの規格の使用者に混乱を招きかねないと判断し、これらを区別して文脈によって訳し分けることとした。筆者（橋爪）はこれまでに、心理学や社会学なども含めていろいろな側面から HCD に関する講義を行ってきたが、その際に必ず出てくる質問の一つに「ユーザビリティと UX の違い」がある。概念の定義が異なるにもかかわらず、なぜこのような質問を頻繁にされるのか長年疑問に思っていたが、JIS 化の作業以降は、ISO 規格内でのユーザビリティと UX の概念の混同が招いた問題だろうと解釈している。

　また、規格の可読性の向上については、JIS Z 8521:2020 の原案作成時と同様に、JIS Z 8530:2021 の原案作成の際には、高校生も含めて可読性を検討している。JIS 規格は、国家文書のひとつであるため、義務教育を終えた国民が読めるよう、なるべく平易な表現を用いることが望ましい。JIS 規格で使用できない用語や言い回しが決まっているため、JIS 規格特有の表現はあるものの、JIS Z 8530:2019 と比較して可読性は大きく向上したといえる。

PART 2

HCD の実践現場の声

9

インタビューの概要

　本章では、製品・システム分野とサービス分野の企業にお勤めの方々を対象に、表9-1にまとめたように、それぞれ6名ずつ合計12名に対して、現場でのHCDの考え方や関連する規格の扱い方などについて、インタビュー調査を行った。インタビューは、Zoomを用いたオンライン形式で、およそ1時間程度で実施した。筆者ら2名がインタビュアー（質問者）となり、インフォーマントには個別にご参加いただいた。

表 9-1　インフォーマントの概要

No.	仮名	職種	分野	業種	組織規模	掲載節
1	Aさん	UXデザイナー	製品・システム	製造業（医療機器）	10,000人以上	10.1
2	Bさん	設計・開発担当	製品・システム	製造業（光学機器）	10,000人以上	10.2
3	Cさん	設計・開発担当	製品・システム	製造業	10,000人以上	10.3
4	Dさん	デザイナー	製品・システム	製造業（総合電機・システム）	10,000人以上	10.4
5	Eさん	マーケティング担当	製品・システム	製造業	未回答	10.5
6	Fさん	アプリケーションエンジニア	製品・システム	製造業（設備機器）	10,000人以上	10.6
7	Gさん	UXデザイナー	サービス	Webサービス	10,000人以上	11.1
8	Hさん	デザインリサーチ担当	サービス	Webサービス	10,000人以下	11.2
9	Iさん	出資・アライアンス担当	サービス	通信・IT	10,000人以上	11.3
10	Jさん	UIデザイナー	サービス	通信・IT	300人以下	11.4
11	Kさん	デザインコンサルタント/デザイナー	サービス	デザインコンサルティング	300人以下	11.5
12	Lさん	マーケティングリサーチャー	サービス	マーケティングリサーチ	300人以下	11.6

　主な質問内容は以下のとおりである。これらの項目は、依頼の連絡をした際にもインフォーマントに事前に示した。

◇　HCD という考え方について、どう思うか

◇　HCD に ISO や JIS の規格は必要だと思うか

◇　HCD の規格がなかったとしたら、どんな状況になっていたと考えるか

◇　HCD の規格があってよかったと思う点について

◇　どの段階で HCD に関する規格のことを知ったか

◇　HCD の規格の内容を知ることは、実際の業務にどのように役に立っているか

◇　社内風土は HCD の導入に適しているか

◇　HCD の考え方は、どの程度、社内に浸透しているか

◇　HCD の規格に準拠できているところと、できていないところについて

◇　ISO や JIS の規格の改定について

◇　HCD の規格で改善して欲しい点について

◇　HCD とデザイン思考との関係をどのように位置づけているか

　なお本書では、インタビューを録音し、その内容を書き起こしたものを再構成して掲載している。10 章では製品・システム分野を扱う製造業の事例、11 章ではサービス分野での事例をそれぞれ紹介する。

10

製品・システム分野

10.1 UXデザイナーのAさん
──製造業（医療機器）、従業員規模：10,000人以上

HCDの規格は共通の知識ベースになり、実践のための手法を学ぶ
きっかけに

質問者 　最初に、経歴とHCDという考え方をお知りになった経緯を教えて
ください。

Aさん 　大学を出てから、技術者として別の会社に入社して、その後転職し
て今の会社に入りました。最初の会社では、お客さんの反応を見て、製品が
使いにくそうであれば、徹夜でプログラムやグラフィックを直し、次の日に
バージョンアップして、UXを向上させるというプロセスを繰り返していま
した。転職してから、まず自社製品を確認したのですが、使いにくい部分が
多く、ユーザ調査をして改善したいと思いました。もともとソフトウェア技
術者なので、プログラムを変えて使いやすくしようとしましたが、なかなか
許してもらえませんでした。当社の製品は専門家が使う機械なので、使いや
すさよりもスペックが重要だという意見が多かったのです。職場には頭の良
い人が多くて、理論でくるので、こっちも理論武装しなければと思いまし
た。

　幸いなことに、勉強は自由にさせてもらえる環境だったので、ネットなど
で「使い勝手」に関して調べてみたら、出来立ての頃のHCD-Netが出てき
ました。そこで使い勝手を学べる機会が得られることがわかったので参加し

てみたのが HCD に触れたきっかけです。ネットで調べるときは、「使い勝手」や「ユーザビリティ」などのキーワードで検索したと思います。HCD-Net のほかには、日本人間工学会も出てきて、その両方に参加しました。さらにちゃんと勉強するために働きながら大学院でも勉強しました。

質問者 　HCD を学ばれて、いかがでしたか。

Aさん 　まだ ISO 13407 のときでしたが、そういった ISO などの規格があると、社内で浸透させやすかったです。医療機器メーカーは規格に準拠するというのには慣れているんですね。社内では、ひとかどの人たちというか、良い意味で癖のある人たちが JIS 化や ISO の委員になっていました。ですので、自分が勉強して ISO や JIS などの規格に詳しくなっていくと、専門家だと思われるような効果はあって、社内の啓発のためには役に立ったと感じています。

質問者 　ISO の規格などを JIS 化した規格というのは、社内での啓発のためには必要だったということでしょうか。

Aさん 　最初にいた会社では、現場を見て感覚的に直すということを繰り返していました。ユーザビリティ評価なども、ちゃんとしたやり方というよりは経験的にやっていました。HCD の規格はプロセスしか示されていませんが、プロセスがあると各プロセス段階で用いる様々な手法が示されるので、そういったものを使っていくうちに、テクニックが身に着いたという気はします。社内での啓発というより、まず実践できるようにするために必要でした。

質問者 　HCD の考え方が提唱されていなかったら、どうなっていたと思いますか。

Aさん 　HCD-Net なども規格に基づく団体ではありますし、社内で勉強する際にも、何か根拠が必要だと思っていたので、属人的にならずに済んだかなという気はします。医療機器業界は、医療事故を防ぐためのユーザビリティが重要ですので、同業他社と一緒に勉強する機会もあり、そういったときに拠り所となるような土台となって、活動の質を高め合えるベースにはなっていました。それがないと、各社で勝手に進めてしまい、うちのやり方はこうだというだけで終わっていたかもしれません。

質問者　規格によって共通の知識ベースができて、共通の知識ベースがあることで他社とも交流がしやすくなったというイメージでしょうか。

Aさん　そうですね。プロジェクトマネジメントだとPMBOK（Project Management Body of Knowledge）という知識体系がありますが、そこまで細かくないところもよかったのかもという気もします。

質問者　ISO規格やJIS規格のような形でHCDが規格化されていなかったとしたら、どのような状況になっていたと思いますか。

Aさん　現場でユーザビリティ評価やユーザ調査をすることはありましたが、ペルソナをつくるという話はありませんでした。ペルソナやカスタマージャーニーマップなどそのあたりを全く知らないままだったと思います。現場ですぐに必要なユーザビリティ評価など、一部分だけに取り組むとか、分析の仕方もろくに知らないままユーザ調査ばかりをするなど、一連の流れを無視した感じになっていたかもしれません。

HCDのアウトプットに対する期待値のズレ

質問者　さきほど、ISO 13407の段階で、それをHCD-Netが広めているときにHCDについて学ばれたとのことでしたが、その後の改定についてはいかがでしょうか。

Aさん　正直、改定されたのか…くらいの話です。根本的なところはそれほど変わっていないと思うので、時代背景を取り込みながら少しずつ進化はしているのでしょうが、HCDの大事なポイントについてはISO 13407でおさえられていると思います。実際にはまだ、ISO 13407の内容が実践できている会社は少ないですけどね。使ってみて困ったのは、HCDを社内でやろうとすると、目から鱗のアイディアが出るだろうと期待されてしまうことでした。時代的なこともあり、イノベーションが起こるだろうという話になってしまいがちというか。機械中心に対するアンチテーゼとしての人間中心だと思いますが、そこが揺らいでしまって、斬新なものが出ないと成果ではないと言う人たちがいて、いまだにHCDが何なのかという軸がぶれていることがあります。

　それと最近、私はよく KJ 法を使っていますが、KJ 法の本質を本当に探ろうと思ったら、1 ～ 2 週間かけるべきですけど、実際に現場で使おうとすると、構造化するぐらいで改善レベルには到達できるので、十分なところはあります。そういった現場での実際のところと本質とがゴチャゴチャになったまま広まっていて、HCD から何が生まれるのかという期待が、各々少しずつズレたような状態がいまだにあるように思っています。

質問者　HCD という言葉が独り歩きして、期待値が大きくなっているようなところがあるのでしょうか。

Aさん　アピールする人が何をアピールするかにもよりますが、期待値としては、少しズレているという気はします。困ったことに、多くの場合、HCD に対して、何か素晴らしいアイディアが出ることを期待しているように思えます。HCD はユーザ中心にきちんとしたものをつくろうという考え方だと思いますが、そのアウトプットとして、何か画期的な製品になるのだろうという期待があって、ユーザの潜在ニーズを拾うものだと思っている人が多いように感じます。様々な会社の方と話をしましたが、特に上層部などは結果次第という感じのようです。HCD のプロセスを導入することを説明したときには総論としては OK ですが、HCD のプロセス自体を会社に導入すべきかどうかという話になると、結局のところ結果次第という感触です。全社部門から様々な事業部を支援するという仕事をしてきたなかでは、事業部のメンバーはそうではなかったです。曖昧なところが多いまま製品開発をしていたのが、HCD を導入することでしっかりと自分でも納得をした上で、ものづくりができたという人が増えました。

質問者　上層部にはさらに一段上の何かを期待されてしまう印象でしょうか。

Aさん　はい。そういったところに HCD の説明の難しさがあると思います。たまたま、そのようなものが生まれる可能性はありますが、HCD はしっかりとしたものづくりをするためのベースなので、そこから発想していくことなどはプラスアルファの活動だと思います。結果として、お客様の満足度を向上したい、売り上げを上げたいというゴールは一緒なのですが。

質問者　しっかりとしたものづくりという観点は、会社によって違うということはありますか。

Aさん 医療機器では安全面が最重要ですが、ペルソナのようなものやカスタマージャーニーマップのようなものをつくれ、などの規制はあります。IEC 62366:2007は最悪のユースケースをしっかりと想定してモノをつくれという内容です。ヒューマンエラーによる医療事故が多いということで、ペルソナをつくって、さらにシナリオは最悪のシナリオをつくって、リスクマネジメントをする感じです。ただ、HCDとの親和性はとても高いです。リスクアセスメントというか、リスクマネジメントのためにペルソナをつくっている感じです。

質問者 お仕事の中では、HCDは安全性に寄与する範囲で受け止められている感じですか。

Aさん 品質保証部門ではそうです。品質保証部門の入り口は安全面です。医療機器メーカーでは、品質保証部門が品質評価する際に、ペルソナをつくることになります。品質保証部門は意識が高くて、ペルソナをつくって評価するために上流工程に切り込んでいこうとしていました。従来の装置をバージョンアップしたような製品の場合、企画段階でペルソナを用意していなくても開発を進めることができるので、評価の際に評価者がペルソナをつくると、開発者からは「そのようなことを想定して設計していない」という話になるわけです。ですので、品質保証部門の方は上流に入りたいという思いが強いですね。

質問者 上流工程でのユーザ調査よりも、下流工程の評価のほうに力を入れているということですか。

Aさん いいえ。開発ではしっかりユーザ調査をしています。ただし、キーオピニオンリーダーに意見を聞いたことをユーザ調査と言っている場合もあります。例えば、部門長がアメリカの偉い医師の話を聞いてきて、こういう機能が必要だから実装しなさいとインプットすることもあると聞きました。ほかには、クレームも含めたニーズの一覧表があって、それをできる／できないで選んで仕様を決めていくという進め方もあると思います。そのような場合、既存ユーザの声などはできるだけ聞いていますが、ペルソナなどをつくるわけではなく、声をそのまま聞く感じですね。

質問者 そういった社内風土は、HCDの導入には適していると感じますか。

Aさん 事業部の開発現場の人たちにとっては、自分たちが納得していないにもかかわらず、鶴の一声で仕様が決まることもあるので、不満が多いようです。私も様々なプロジェクトを支援してきましたが、HCD の導入によって納得したものづくりができたので、またやりたいという声は多いのです。そのような意味では、製造業の現場の、ちゃんとしたものづくりをしたいと思っている技術者には、HCD は受け入れられやすいのではないかという気がします。

ユーザ調査の代替として使える情報にするために、工夫や仕組みづくりが必須

質問者 顧客担当の方や営業の方々からのフィードバックはいかがですか。

Aさん 営業部門は企画・開発部門にユーザの声をきちんとフィードバックしていると考えていると思います。しかし、伝えたことを反映させたものがなかなか生まれてこないと不満に思っているでしょう。ですので、私が支援で入るときは、新たに調査をするよりは、その時点で存在しているユーザ情報を見せてもらうところからスタートします。せっかくフィードバックしていただいているものを使わない手はないので。ただ、確かにユーザの声が報告書に記入されているのですが、どこの誰が言ったのか、どの場面のことなのかなど、わからない状態のものが多いです。こういうお客さんがこういうシーンで、こういうことをしようとしたら、こういうことが起こったなどの一連の情報が書かれていないと分析ができないのです。ユーザの声を伝えているつもりになっていないか注意が必要です。また、ユーザの声を使う側の企画・開発部門も、ざっと目を通すことでユーザの声をわかったつもりになるのではなく、その声の背景まで理解しようとする努力が必要です。

質問者 情報がぶつ切れで、その利用状況などを想定できるような細かいシチュエーションが、報告書にある記述からは見えてこないということですね。

Aさん そうです。以前、いつ、どこで、誰が、何をしようとしてどうしたのかといった情報を、営業部門に入れてもらうシステムづくりに関わったことがあります。そういった情報があればピボットテーブルのようなもので分

析できるようになるのですが、そこまでできている会社は少ないのではないでしょうか。

質問者 ちなみにそのピボットテーブル方式は、うまくいきましたか。

Aさん フィードバックができないという悩みがありました。企画・開発部門から見ると、報告の一件一件に対して絆創膏を貼るような対策ではなく、全体を見てこうしたほうが良いなどの意見もあって、結果的に、数年後の製品にやっと生かせるような内容もあるんです。そうすると、営業部門の方からすれば、記述してもなかなかフィードバックが返ってこないという印象になってしまい、モチベーションを維持することの難しさがあると思います。

　世の中を見てみると、DX推進のような話がどの会社でも出てきていますよね。それは、単に営業日報をデジタル化しましょうというところから始まるのかもしれませんが、その動きの流れで、本当に必要なユーザ情報の収集という目的が達成できるようになると良いと思います。

質問者 所定の様式への入力など、ある程度は義務化すべき側面もあって、一方で義務化をしてしまうと、その意見が生かされないまま次の製品が出てしまった場合に不満がさらに出てくるということですか。

Aさん そうです。だから、どう集めるかというのがポイントで。すぐにフィードバックがなくてもいいから、お客さんの声を集めることが重要だというマインドになればいいのですが、営業部門の方も売り上げを気にするでしょうから、自分のお客さんの声は優先的に聞いてもらいたいという意識が勝ってしまうのかもしれません。

質問者 設計の方と営業部門の方での合同ミーティングのような場を設けて、直接、意見の交換をされるのはいかがですか。

Aさん もちろん意見交換したほうがいいと思います。ただ、営業部門は、売りやすい物や機能について強く主張するケースがあります。営業部門が、ユーザがどういう場面で何を必要としてどう困ったのかという情報をきちんと把握しているのかというと、そうではないことが多々あります。営業部門を含めた関係者全員で一緒にやってうまくいったと思うのは、既存の製品のウォークスルーです。アクティングアウトのようなことを、営業部門と開発部門とUX部門で一緒にやって、お客さんのユースケースをシミュレーショ

ンしてみたときです。「こういうときにここで困っている」など、普段のレポートにはない情報が出てきましたし、「なぜ、お客さんがこんな風にしているのだろう」など、実はわかっていなかったことに気付き、意識が変わったそうです。

「この日に会議をしますので、要求をまとめてきてください」という形にすると、例えば営業部門は「この機能があると何台売れるか」などと考えます。つまり、ユーザがというより自部門が必要とするものを持ち寄る場になってしまうんですね。そのような意味では、UX の部門から営業部門や開発部門に働き掛けて、お客さんのユースケースをシミュレーションしたり、共通認識をすり合わせたうえでユーザ調査を一緒に行ったりしていく姿勢が大事ですね。

質問者　お話を伺っていると、メインで設計に携わる方は、HCD も理解したうえでうまく導入しようと努力をしていると思います。営業部門にはそこら辺の知識がまだ足りていないので、どのような情報を設計部門に上げればうまく回っていくのか、理解しきれていないという印象が少しあります。

Aさん　普段は営業部門がお客さまの話を聞くことが多いと思います。以前UX のメンバーがインタビューをしているところを営業部門の方に立ち会ってもらったのですが、インタビューの後に、営業部門の方から「そんなことを聞いてもいいのか」、「そのようなことまでお客さんは言ってくれるのか」と驚かれました。「こういう理由で買えなかった」、「上の人にこう言われたから」など、普段営業部門の方が聞けないような質問も、使用体験や購入体験のインタビューの流れの中なら聞くことができるんです。UX のメンバーは現場のことを泥臭く聞くことができるので、こういったインタビューができるのであれば、またお客さんのインタビューを設定します、と営業部門の方から提案されたこともあります。

既存事業か新規事業か、あるいは職位によって HCD への期待も異なる

質問者　社内の中だと HCD の考え方の浸透度合いが、部門によってかなり差がありそうな印象ですね。

Aさん　HCD を全社員に浸透させる必要はないかと思っています。一応、様々な場で HCD のプロセスはこうですという話はしますが、「今、6割の社員に説明会ができました」とか、「7割に教育できました」という話はあまり意味がないと思います。チームの状況によって重視すべき取り組みは違いますし、調査を強化すべき人たちもいれば、評価をしっかりやるべき人たちもいるので、ケース・バイ・ケースで取り組みを行い、実際に効果を体験してもらうことが一番かと思います。

質問者　社内で ISO 規格の勉強会などをすることに関してはいかがですか。

Aさん　中堅技術者などに HCD のベースや全体像などを教えるときや、プロジェクトを支援する際の最初に、HCD の全体はこうなっていますという話はします。一個ずつ全部をやりましょう、という形ではなく、ここをやりましょう、というような話をしています。そのときに、HCD の全体像が何に基づいたものなのかが明らかでないと、厳しいと思います。あなたの部門がやりたいだけじゃないのかと言われないためにも、規格は必要です。

質問者　中堅技術者というのは、中間管理職以上の方々なのでしょうか。そういった方々には、一応、HCD を勉強してもらう必要があるということですか。

Aさん　どちらかというと、中間管理職以下です。現場での実践がメインとなりますので、実践者に使ってもらえるようにしなければなりません。それより上の職種になると、規格の詳細を理解する必要はなくて、使った結果の善し悪しを判断するという立場になると思います。

質問者　逆にいうと、上層部のマインドというのは、売り上げなどが気になってしまい、HCD がストレートに入っていきにくい形になっているということですか。

Aさん　ケースによりますね。例えば、シェアが7割ぐらいの製品を対象に HCD の取り組みを行いますと上層部に説明すると、要らないと言われてしまうことが多いと思います。いままでのモノづくりのやりかた、つまり、技術者が現場の豊富な知識も持っていたり、キーオピニオンリーダーなどとも常に会話をしたりするようなやりかたでシェアを拡大してきたという事実がありますので、一方で、まったく新しい製品や、いままでとは異なる市場を

狙う製品の場合は、ユーザのことがわからない状態になるので、いままでどおりのモノづくりができなくなることから HCD が必要だと考えていただけるケースが多かったように思います。

質問者 既存事業ではなく新規事業への HCD の導入に期待されているのですね。

Aさん 家電メーカーの髭剃りで、コロナ禍で長い髭が剃れる機能が付いたものが売れたという話を聞いたことがあります。テレワークが多くなって毎日髭を剃らなくなったことで、それまでは毎日剃るものだった髭が、1週間に1回や3日に1回しか剃らなくなって、長い髭でも剃りやすい機能を付けたら売れたという話です。HCD でユーザ調査を行って、変化した生活様式に合わせるように、うまく既存製品の改善を行ったので、ヒットにつながったのだと思います。それが、新規事業でも同じようにうまくいくと思っている人たちもいますが、そうではなくて、現状を把握したうえで既存製品の改善ポイントを明らかにして、それを他の製品との差別化につなげていくことが、とても大事だと思うんですけどね。

質問者 そうすると、既存事業に HCD を導入すると、抜本的、あるいは斬新な改革などが出てくるのではないかと強く期待されている感じですか。

Aさん 既存事業でも、目から鱗なものが出るという期待はされていると思いますが、設計開発をしている人たちは、既存の製品の改善版をつくるのに最適化した組織にいるので、全く新しい斬新なものをつくろうとした場合には大変です。すでにあるしっかりとした土台の中の、さきほどの髭剃りのように、少し尖った機能を見つけるような取り組みが、現場としては嬉しいところかと思います。

質問者 新規事業と既存事業とで、事業内容によって求められるところが違っていて、結果的に HCD の受け止め方も違ってくるということなんですね。

Aさん そうですね。私は HCD を教えることもしていますが、セミナーに来る人などは両方の思いが混在していて難しいです。HCD を知り、勉強しようと思った人のきっかけにも、二通りあるのではないかという気がします。しっかりとしたものづくりをしたいというのと、ものすごいものが生み

出されると思って習い始めた人がいるのではないかと。

質問者　社内やセミナーなどで説明する際に、HCD を導入すると、これだけメリットがあるのだというエビデンスを求められるようなことはありますか。

A さん　皆さん、事例は知りたがりますね。多分、アウトプットのイメージがわからないのだと思いますが、エビデンスというより、他社でこんなことが生まれたなどの事例は、皆が知りたがっていると思います。ただ、他社事例というのはあまり公開されていないので、結局、社内でやった事例をどんどん社内で公開していき、活動を広めていくのが一番という感じです。

質問者　規格の話に戻りますが、これは規格の捉え方にもよりますが、規格に準拠できているところと、できていないところというのはありますか。

A さん　基本的には規格に準拠していますが、そのステップごとの粒度というか、どこまでやるかはバラバラです。調査して、分析して、試作して、評価する、という一連のプロセスを私たちの部門で行っていますが、それぞれをどのレベルまでやるかは、そのプロジェクトチームのリーダーと話し合いながらという感じです。

質問者　最新版の ISO 9241-210:2019 を訳した JIS Z 8530 が、2021 年の 3 月に出ましたが、そちらはご覧になりましたか。4 つの HCD 活動のアウトプットが具体的に書いてありますが、そのあたりは参考になりますか。

A さん　はい、新しい JIS は買いました。アウトプットというのは、実際には次のステップのインプットになるはずです。アウトプットの形は参考にはなるんですが、社内で認められる報告でないと次のステップに進めないので、難しいですね。規格に準拠するよりも、社内で求められるようにカスタマイズしていかないとダメだと思います。規格ではこうなっているのでこういうレポートを出しますと言うのでは意味がないんですよ。社内で必要なアウトプットが要求仕様書だとした場合、それを出す過程で HCD を用いますが、規格に準拠するというよりは、結果として質の高い要求仕様書ができあがれば良いわけです。

質問者　お話を伺っていると、それなりに HCD の開発プロセスが導入できているように思えますが、どのような感触ですか。

Aさん　感触としては、HCD を開発プロセスに導入するというよりは、既存の開発プロセスを活かしたままでどのように HCD を実践するかということになります。医療機器メーカーでは、トレーサビリティ・マトリックスという品質管理のための手法が導入されていて、要求事項のインプットからどういった設計仕様に展開し、そしてどう評価したかというのを全部、マトリックスで残さなければなりません。当局からの査察も入るので、トレーサビリティ・マトリックスをはじめ、仕様書やルール、ドキュメントのフォーマットも全部決まっています。おそらく、日本の多くの企業では、いまある基準をいじることはとても嫌がられると思います。HCD を開発プロセスに導入しやすいということはなく、HCD を活用するとドキュメントの質が上がりますよという啓発活動からのスタートになります。

質問者　そういったお話は、対象となる人工物、例えば家電製品の場合などとはまただいぶ違うのではという感じがしますね。

Aさん　家電をやったことがないのでわかりませんが、仕様書体系的にいうと、自由に何かできる感じではありません。アウトプットとしては、そのドキュメントに合わせざるを得ないと思います。ただ、その仕様を決めるに至ったエビデンスとしてユーザを調査し、きちんと分析してやりましたというところに HCD としては入っていく余地はある感じです。

時代に合わせたものづくりの仕方や規格があっても良い

質問者　HCD の規格については、およそ 10 年おきくらいで改定されていますが、そのあたりはいかがですか。

Aさん　例えば、UX に関する記載が入った、プロセスの図の矢印がさまざまな所に戻るようになったなどは、なぜそう変更したか、追記したかということを理解することは必要です。規格の変更という形で刺激があると、自分たちのフレームに納まり過ぎていたことに気付かされます。

質問者　それは良い意味ですか、悪い意味ですか。

Aさん　良い意味です。良い意味で、もっとダイナミックに変わっても良いのではないかと思います。何年か前の HCD-Net のイベントで、「枠から外

れなければならない」という問題提起がテーマの講演がありました。講演者の方からはHCDとはこういうプロセスに従って進めていきますという話がありました。それに対して、受講者側からは、「HCDってフレームの話ばかりですね」と。そのときにハッと思いました。HCDをやっている人が、小さい世界に閉じこもってお互い励ましあっているだけでは、できている気になっているだけで、取り残されていくのではないかという気がします。規格がダイナミックに変わり、それが賛否両論を巻き起こすなど、そのような刺激があったほうが良いと思います。これを守っていればやり方として安全安心というのではなく、ものづくりの仕方も時代とともに変わっていくと思うので、その辺も含めて変化しても良いのではないかと私は思っています。

質問者　分野的な発展にもつながりそうということで、改定にはポジティブな考えということですか。

Aさん　そうですね。ただ、HCDを教えていて思うのは、基本的なところが置き去りになっている人たちがたくさんいることです。例えば、HCD-Netでも製造業の人がユーザビリティをしっかりと学べる場が減っています。何を拠り所にしていいのかも、よくわからなくなってきているのかもしれません。ベースの部分をしっかりやりつつ、変化していく部分と、うまく交ぜていかないと、という気はしています。人間工学は大学で学ぶ機会があると思いますが、社内で知っている人は1人か2人しかいないという会社も多いのではないでしょうか。HCDも、昔、何かそのような考え方があったねというふうになってしまうと、まずいのではないかと思います。

質問者　デザイン思考という考え方もありますが、デザイン思考とHCDとの関係性はどのように位置づけていますか。

Aさん　以前、ある新規事業の担当者にHCDの説明をしたことがあります。そのときに、「私たちはデザイン思考をやっているから」と言われました。私の中では、デザイン思考はマインドセットで、プロセスに落としたのがHCDであり、目指そうとしているところは一緒だと理解しています。でも、デザイン思考を新しく学んだ人のなかには、「デザイン思考ってすごい。HCDって何なの」みたいな反応の人もいます。

質問者　デザイン思考と比べて、HCDの強みは、ISOやJISの規格になって

いるところであるという意見もありますが、いかがですか。

Aさん　アイディア発想は属人性が高いものですし、何かを学べば必ず良いアイディアが出せるというものではないと思います。そのような意味では、HCDはプロセスとしてしっかりしているので、誰でも60点ぐらいのアウトプットは出せるようになると思います。そこからはプラス何点かのセンスの部分が、当然あると思います。デザイン思考の事例を見ているとセンスの部分も含めて100点満点のものが多いので、デザイン思考でやれば誰でも同じように何かを生み出すことができると考えてしまうと危険だと思います。

　HCD分野は、私から見ると大御所のリーダー的な存在が減ってきていて、その後継者がいないことに危機感があります。テーマが細分化して研究者がばらけてしまっている印象です。例えば、UXなんかは、CX（カスタマーエクスペリエンス）とどう違うのかと思ってネットで調べると、UXは「製品を使う際の体験」と限定した説明がされているのがほとんどです。それに対して、CXはそれを拡張して「購買体験を含む」などと記述されています。言葉のマジックというか、新しい言葉を使ってコンサルを始めたい人もいるのかもしれませんが、芯がなくなってきているように感じます。言っていることは同じなのに、新しい言葉がどんどん生まれてきている感じです。

質問者　深さも広さもある人たちが減ってきてしまっていることは、耳が痛いところですね。新たに生まれてくる言葉の意味や使われ方も含めて、バズワードとしてだけではなく、規格やその関連ワードが根付いていけるのが良いということがよくわかりました。どうもありがとうございました。

10.2 設計・開発担当のBさん
──製造業（光学機器）、従業員規模：10,000人以上

カメラのデジタル化の影響で、UIのユーザビリティを考える必要性が生じた

質問者　Bさんは光学機器の会社で設計開発をされているのですね。大学時代の専攻からのつながりですか。

Bさん　大学ではソフトウェア工学を勉強していました。私はカメラが好きで、カメラを開発できる光学機器メーカーを希望し、入社しました。その頃は、フィルムカメラの末期でした。その後、デジタルカメラの時代になって、ここ20年ぐらいはデジタルが中心になるなか、メーカーによって多少事情は異なりますが、昔からフィルムカメラをつくってきたメーカーでは、デジタルカメラのGUI（グラフィカルユーザインタフェース）周りのユーザビリティを専門的に扱う部署がありませんでした。

　それまでは、いわゆる精密機械の設計のなかで、グリップの握りやすさやファインダーの見やすさなど、伝統的な人間工学の観点で評価していましたが、デジタルになると途端に、カメラの背面に液晶画面が付いて、様々なメニューが表示され、フィルム時代には無かった機能が多数搭載されるようになりました。デジタルカメラのそういった部分のインタラクションを仕様化するノウハウがあまりない状況のなかで、ユーザビリティを専門的に扱う部署を立ち上げるところから自分もメンバーとして入り、現在に至るまでユーザビリティ関連の業務を担当しています。

質問者　それは、おおよそ何年頃の話ですか。

Bさん　2000年代半ばです。カメラ業界では、規格関係は業界団体が中心に扱っていて、そこで扱っていた人間工学に関連する規格の内容は、アイコンデザインの共通化でした。例えば、フラッシュを点灯する／しないのアイコンはどのような図案にするかといったことは、デザイン部門が担当していました。その他では、カメラの性能評価に関する規格などは開発部門が担当していました。

質問者　別の規格を扱っていた部署もあったのですね。Bさんは、ISO規格

としてユーザビリティや HCD の規格があることを、どの段階で知りました
か。

Bさん 社内で、デジタルカメラの UI（ユーザインタフェース）を開発する
ことになって、それに関するノウハウが少ないので、情報を集めるところか
らスタートしました。最初のうちは、規格というよりも、まずは UI 設計
ツールの検討などが中心でした。製品開発では、実際に自分たちで議論をし
て、積み上げながら UI 仕様を決めていきますが、実際に世の中に上梓した
ときの反応として駄目な場合も残念ながらあります。そうした問題をなくす
ためにはどうしたらいいかと考えたときに、設計ツールを使ってきちんと管
理する、あるいは基準に沿って評価する等、何か方策があるはずだと考えま
した。それで逆引きで情報を集めていくなかで、規格の存在を知りました。
具体的には、組み込み機器の展示会で企業や HCD-Net のような団体が開催
しているセミナーに参加して、初めて HCD という単語を聞きました。その
セミナーのなかで、これから JIS になるという話もあったので、おそらく
ISO 9241-210 の 2010 年版の JIS をつくろうとしていた時期だと思います。

社内での説得材料と理論武装のために、HCD-Net の認定資格を取得

質問者 ユーザビリティに関して問題意識を持つきっかけとしては、お客さ
まからのクレームなどもあったのでしょうか。

Bさん UI 以外の各設計の内容は、それぞれの領域の専門家が議論して決め
てしまうところが多いのですが、UI 周りの議論になると、社内の議論でも
様々な人たちが出てきます。そうなると、何か芯になるような考え方がない
と議論がそもそもまとまらないと感じていました。会議の参加者と同じ立場
で、専門的な知識の引き出しがない状態で話しても議論がまとまらないうえ
に、最終的には声の大きな人が言った方向に流れてしまうこともあるわけで
す。それを何とかしなければならないと考えて、方策を探していました。そ
のときに、自分自身が規格以外に意識したのは HCD の認定資格で、資格を
取得することで多少でも自分たちの理論武装ができるのではないかと考えま
した。

質問者 何か準拠するものや資格などの箔付けがあったほうが話を通しやすいということですか。

Bさん そうですね。説得材料の一つにはなると思います。あとは、例えば社内でユーザビリティを向上させるための活動が大事だという考えに反対する人はいませんが、予算を出すのはだいたい嫌がられます。その際には、「こういう規格があって、これに準拠したことをきちんとやって、ものを作っていく」と発言するわけです。その点は、JISやISOの規格があることで、説得がしやすくなります。日本の企業文化のせいなのか、ものづくりをしているメーカーは、「規格に準拠」という表現をすると、話を通しやすいのです。

質問者 ちなみにBさんはHCD-Netの認定資格は取られていますか。

Bさん 取っています。

質問者 HCDの認定資格を取るモチベーションや意義はどういったところにあるのでしょうか。

Bさん 先ほど少し話しましたが、議論をするうえでの理論武装として必要になってくると思います。今までユーザビリティのような境界領域で業務をしていて、どういう専門性や能力が必要で、それらを自分は持ち合わせているかどうかを証明する術がありませんでした。ただ社内で、私はこういう業務を担当しているという話で終わっていました。その点、第三者に認定をもらう形で、HCD業務を専門で行っていることや必要な知識を身に付けていることの証明として資格があると捉えています。

質問者 それは特に社内の人に対してでしょうか。それとも社外の人に対してのイメージでしょうか。

Bさん ある意味では、社内での説得材料にもなりますし、この手の案件はあの人に持っていけばよいという根拠にもなると思います。HCD関連の案件に首を突っ込むのを正当化する理由のようなものです。また、私の場合はBtoBの業務ではないので、社外で資格を使う機会はありません。

展示会やカルチャースクールなどから、レベルの異なるユーザの声が入ってくる

質問者 Bさんの所属している組織の中で、HCDという考え方はどの程度浸透していると思いますか。

Bさん HCDの考え方が大事だと同意している人はいると思いますが、どれだけの人がいるかと考えると、まだHCDという言葉を社内で知っている人はそこまで多いとは思えません。しかし、実際に社内にはHCDを業務として実践している専門家もいますし、HCDの資格を持っている人もいて、社内勉強会のようなコミュニティで草の根活動が行われています。外部の専門家を講師に招いた社内セミナーも開催しているので、徐々にではありますが、HCDの考え方は広まっていると思います。

　また、カメラは業界的には、いわゆる組み込み製品で、かつ実用品ではありますが、趣味の道具という側面もあることが特徴的で、お客様イコール熱心なファンの方が多いです。それぞれのメーカーにファンの方が付いている業界なので、開発側の人間とユーザとの距離が近いのも特徴です。新製品の発表や展示会の場にはそのようなお客様、ファンの方がけっこう大勢集まって、良いことも悪いこともたくさん聞くことができます。

質問者 では、直接ユーザの声を聞く場も結構あるのですね。

Bさん そうですね。展示会でアテンドしていると、直接お客様から「この前これを買って、ここは良いけどここは駄目だ」というお話や、ご自身の使い方を聞けばたくさん説明してくれます。お客様との距離がとても近くて、お客様の声がダイレクトに入ってきやすい業界なので、その声に応えなければいけないという意識を会社全体として持っています。そういった意味では、HCDを広めていく、浸透させていく風土はあると感じています。

質問者 営業の方以外の設計開発の方なども、展示会のブースにおられるのですか。

Bさん 他のメーカーもそうだとは言いませんが、我々の会社は展示会のぎりぎりまで開発を行っていることが多いです。展示会などでは、実際にいらした方に製品を触っていただくこともあり、開発中の新製品だと、セールス

担当がまだ製品のことを十分わかっていない場合もあります。そういった新製品をお客様がタッチ・アンド・トライする展示会では、開発の人間が直接話したほうがきちんと説明できるのです。特に私は設計の上流を担当していて、仕様設計としてインタラクションや搭載機能についてよく知っていますので「おまえが行って説明してこい」となるわけです。

質問者 カメラの展示会の場合、操作系などは一応わかっている方、つまり初心者ではない方が来ることが多そうなので、初心者にとっての使いやすさなどの話は展示会の場ではなかなか得にくい気がしますが、いかがですか。

Bさん それはおっしゃるとおりだと思います。展示会などの場に来られる方々は、アマチュアのカメラマンの中でも腕のある経験豊富な方、ともすればアテンドしている社員よりも、よほど写真に詳しい方です。そういった方々は、いわゆる初心者とは違うので、初心者の使いやすさなどにかかわる話は展示会ではなかなか聞けないのは事実です。

ただし、そのような場面でタッチ・アンド・トライする製品は、会社的にはエントリーモデルではなくて主力製品の中でも上位のモデルになることが多いので、ちょうど出品する製品とそれを見に来る方のレベルが合っていて、会話が成立していると考えています。初心者の製品に関していえば、もう少し違うアプローチで情報を集めなければいけないという認識を持っています。

質問者 初心者については、具体的にどんなアプローチで情報収集されていますか。

Bさん これまでに実施したアプローチとしては、ターゲットユーザに近い人を集めてヒアリングを行ったことがあります。それ以外では、自社のサービスセンターで、写真教室など写真関連のカルチャースクールを開催しているので、そこで講師をしている社員から情報をもらうといった方法も行われています。初心者コースに来るお客様の中には、本当にカメラの電源の入れ方から説明しないとわからない人もいるという話も、情報として入ってきますね。

使いにくいものができてしまう現実は、HCD ができていないことに起因している

質問者 Bさんご自身は、HCD という考え方についてどう考えていますか。

Bさん 技術ドリブンに物事を考えないというのはとても大切なことだと思っていますが、その一方で実践できているかと考えてみると、できているところとできていないところがあります。組み込み機器の場合は単純にソフトウェアだけの世界の話ではないので、ハードウェアに対しての手戻りがなかなかうまくかけられない部分がけっこう多いです。また、新製品の開発企画の出発点が、キーデバイスのリニューアルというような、技術ドリブンなところがまだまだ残っています。

　また、実際にその製品をお客様に説明するときに、単にキーデバイスのリニューアルだけでは説得力が生まれないので、人間中心という考え方で仕様を積み上げて製品を出していかないと、お客様にご納得いただけるものはつくれないので、HCD は大事な考え方だと思います。

質問者 デザイン思考という言葉もありますが、デザイン思考と HCD との関係はどのように捉えていますか。

Bさん どちらも人間中心という点では同じ、と捉えています。規格化されている HCD は、ユーザビリティを高めるための設計プロセスと捉えていて、デザイン思考は、HCD に基づいてイノベーションを創出するための発想法という捉え方です。

　結局は、プロジェクトが何を目的としているかによって、デザイン思考的な方法を採らなくてはいけないのか、そこまではしないで HCD をしっかりすれば問題は解決できるのか、扱う問題で採用するアプローチを選んでいるのではないかと考えます。

質問者 もし、HCD が ISO、JIS の規格になっていなかったとしたらどうでしょうか。

Bさん 難しい問いですね……。HCD が規格になっていなかったとしても、何か良いものをつくらなければいけないという課題を企業は常に持ち続けているはずなので、おそらく何かしらの解決策を探すと思います。

- - - - -

質問者 説得材料になりそうな、別の何かですか。

Bさん こういったHCDの考え方に限らず、ものづくりの手法から考えれば、いわゆる組み込みシステム開発は、ウォーターフォール型から抜け出せていないところが課題の一つです。そもそもウォーターフォール型で開発しているのに、実際は手戻りが発生して、無理やり、できる限りの手戻りをするといった強引なことを行っています。そういった観点では、組み込みの世界でもアジャイル的な開発を目指すという話は以前からあって、いろいろな開発アプローチが提案されています。おそらく人間中心とは違ったアプローチであったとしても、システム開発のなかで、イテレーションを回して開発を進めることで品質向上を目指そうとすると思います。

質問者 では、HCDという設計プロセスに、ISOやJISという規格そのものは必要だと考えていますか。

Bさん HCDの規格は、必要だと思います。設計者は意図して使いにくいものをつくろうとしているわけではないのに、使いにくいものができてしまうという現実があって、それは結果的に正しくHCDができていないことが原因だと考えられるからです。その指針がきちんと示されていることは必要だと思います。

質問者 HCDの規格を細かく知っていくことで、業務の中で具体的にどの場面ですごく役に立ったという例はありますか。

Bさん 仕様案を評価する際に、そもそもこの仕様はどのような文脈を想定していたのか、どのようなユーザがどういった場面で使うことを想定していたのかという利用状況の想定がないと正しく評価できません。どのようなストーリーからこの仕様が生まれたのかというシナリオがないと、それが本当に良いものか判断できないし、実際にそれを使って実地評価するにしても、その条件が明確でないと評価できないので、利用状況やユーザの設定を明確にしておくといった基本的なところがまず役に立っていると思います。

質問者 利用状況やユーザという概念については、ISO 9241-11のほうに詳しいリストがありますよね。あのように概念的に整理しているところは役に立つのでしょうか。

Bさん 規格を読み直してみると、これまで自分たちが仕様を決めるにあた

り行ってきたことについて、自分たちで悩んでいたのはここだといった対比ができます。自分たちが悩んでいたところは、一般化するとどういうことで、何をすべきかが書いてあるので、悩んでいたところの解決方針を決めることができます。人工物の利用に関する概念が規格化されて文面に起こしてあるというのは、とてもありがたいです。

規格の使用者は専門家だけではないので、改定箇所がわかりやすい構成になっているとよい

質問者　規格が、ISO 9241-11 の場合は 20 年たってやっと改定しましたが、ISO 13407 や ISO 9241-210 に関しては、およそ 10 年ごとに改定されています。その改定についてはどのように考えていますか。

Bさん　その間に新たな考え方が出た、あるいは新たな言葉が生まれたから定義しなくてはならないなど、専門家の立場としての事情が当然あって改定されたのだろうとは思っています。一方で、社内の専門外の技術者から言われたのは、本質が変わっていないのに改定する必要はあるのかということです。また、もう一つは、片仮名の言葉が次から次へと登場している気がするけれども、これはわざわざ片仮名で言葉を追加していく必要があるのかということです。新たな概念だから新たな言葉として定義をすることは大事だろうとは私も思いますが、規格を使う人が必ずしも専門家とは限りません。そのような人たちからすると、ある種のバズワードが生まれやすい状況は少々胡散臭く感じられる部分でもあるようで、規格を浸透させていくという側面からするとマイナスの部分があるのかもしれませんね。

質問者　規格が改定されたという情報は、皆さんどうやって入手されているのでしょうか。

Bさん　日本人間工学会あるいは HCD-Net のイベントなどが一番の情報源になっていると思います。私はどちらも会員になっていて会報が来るので、それに目を通していれば何かしらの情報は得られますが、私の周りでは私のほかに会員はいません。ですので、自分の所属する事業部門では、自分が情報発信をする側になっています。あとは、それぞれ他の事業部門にも HCD-Net の会員や、ISO に関わっている人がいるので、複数の情報チャネルがあ

ると思います。

質問者 Ｂさんとしては、改定にどのぐらいの必然性を感じていますか。

Ｂさん 実際、中身が変わっているから手を入れたという文脈からすれば、変わったのは必然と思う一方で、先ほども言ったように、それほど本質的に大きく変わっていないと感じるときはあります。

質問者 どんなふうに改善したら、もっと良くなると思いますか。

Ｂさん 例えば、本則と細則を分ける形で規格が構成されていれば、もう少しすっきりするのではないかと思います。具体的な実現方法はノーアイディアですが、本質が変わっていないのであれば規格本体は変えないで、何か別の手段で規格を補足する追加情報を載せられるような仕組みができると良いと思います。

質問者 規格の対象が、当初、ISO 13407 のときは製品でしたが、それが ISO 9241-210 でシステムやサービスなど、いろいろと広がってきましたよね。それは一つの規格でカバーしきれるものだと思いますか。

Ｂさん 今の規格の中の文章を見ている限りでは、対象を広げたけれども説明が広がっていないところが結構残っているという印象は持っています。

質問者 なるほど。担当している組み込み系のようなものについては、ちょうどはまっている感じですか。

Ｂさん もともと JIS は、ものづくりのためにある規格という側面が強いので、古くからの日本の製造業での、ものづくりに関しては規格に書いてあることは概ねしっくりきます。

主力製品の開発では、リードユーザを中心とした開発が行われる

質問者 HCD の活動が４つありますが、その活動を初めからそれぞれ順番に業務の中で行うことはありますか。

Ｂさん 業務の中で自分自身がすべてをカバーして常に行っているかというと、プロジェクト単位で考えると、全部はできていないと思います。実際は、調査に相当するユーザからの情報などを、設計者が調査して得るのではなく、商品企画部門で揉んだ情報が上がってきて、設計者はそれをもとに動

いていることが多いです。組織全体ではすべてをカバーしているという言い方もできるのでしょうが。

質問者　企画担当の部門から来たものに対して、設計部門の方が設計解を考えるという流れなのですね。

Bさん　そのような場合が多いと思います。

質問者　設計をした後の評価に関してはいかがですか。

Bさん　その設計解をつくるときに、上がっている要求の中で情報が足りないと感じた時点で問題になるので、どういう利用状況で言っているのかという点をその都度確認することが多いです。ですので、評価のときにはそのときの情報に基づいてこのような設計をした、という観点で評価するようにしています。

質問者　その評価に関連して、極めて初心者的な発想に基づいたユーザビリティの改善についての問題意識はいかがでしょうか。

Bさん　我々は、先ほど話したような展示会などに足を運んでくださるお客様をターゲットにどういう製品をつくるかというところから仕様を起こしている部分が多分にあります。もし、初心者に向けた製品を検討する場合には、それとは別個に仕様を見直すようなプロジェクトを実施しなければならないという認識は持っています。

質問者　ということは、メインのターゲットユーザは、ある程度の熟練ユーザだと会社全体として位置づけているということですか。

Bさん　現在の業界を取り巻く状況的に、エントリーモデルよりもハイエンドモデルに注力している傾向はあります。

質問者　スマホにもカメラが付いているので、初心者の多くはそれで満足してしまうということですか。

Bさん　コンパクトデジタルカメラ市場の縮小にも表れていると思います。これは先ほどの話にも絡みますが、ユーザを牽引するリードユーザである展示会などに足を運んでくださるお客様が情報を積極的に発信してくれるので、その情報を見てスマホのカメラからステップアップしようと決めた人とそれ以上の知識を持つ既存のユーザを中心に製品を開発することが多い状況と言えますね。

質問者　そのようなカメラに詳しい方々に対してのユーザビリティはどのように捉えてらっしゃいますか。

Bさん　展示会の場面では、そこにいらっしゃる方々は我々の話を聞きたい以上に、自分の話を聞いて欲しいという方が多い印象です。そこで、直接お話を伺いつつ、それを社内で揉んで、今後の商品にどのようにフィードバックしていくかという議論をします。カメラはそのような環境が結果的にできあがっているので、このようなアプローチができます。

質問者　そうすると、例えばユーザ調査あるいは評価のときに招くユーザは、いわゆるエントリーユーザではなく、ある程度、理解して使っているユーザ層が中心になると考えてもいいですか。

Bさん　今の主力製品の開発に関して言えば、そのようなユーザがメインです。社内モニターの方々も基本、そのような人をリクルートしています。

質問者　つまり固定したユーザ層で、新しいものが出たら買ってくれそうなユーザに注力しているということでしょうか。

Bさん　ステップアップしながら長く使っていただけるユーザは、結果的に主力の製品に流れていくこともあるので、入り口の敷居をどう下げるかというのは確かに大切な問題です。しかし、そこにあまり収益性が見込めない状況もあるので、各社、そのあたりの商品は多くありません。ゼロではありませんが、モデル自体が少ないのです。エントリーをうたって、新しい UI を導入したカメラ、と打ち出している製品もありますが、その開発話を聞くと、特別なプロジェクトとして開発したという話であることが多いです。

質問者　操作の一貫性を考えるときに、自社内と他社との一貫性や互換性についてはどのように考えてユーザビリティを高めようとしていますか。

Bさん　一貫性を持たせようと努力はしています。メーカーとしても、一貫性のないものを意図的につくろうという気はなくて、一貫性を持たせようとはしている一方で、既存の製品ラインごとの最初のモデルに縛られてしまっている部分があります。そのラインの中での一貫性をそれぞれが保とうとして、結果的にライン間の一貫性がない、なんてことが起こっています。極力、別のラインとの一貫性も取れるところは取ろうと働きかけますが、変わってしまうが嫌だという、そのラインを支持しているお客様もいて、自社

も他社も、そのあたりに関係している開発者は苦労しているとよく聞きます。

質問者　工業会レベルで、ある程度、複数の企業間で一貫性を保つための基準をつくっているのでしょうか。

Bさん　いいえ、操作の一貫性に関する基準はありません。アイコンの表記に関しての規定はありますが、それも絶対的なものではなく、自社も他社も、よく見ていくとその規定とは違うアイコンを使っている場合もしばしば見受けられます。正直なところ、操作の一貫性に関しては、基本的な部分で統一できない状況になっていると思います。レンズのマウント自体もそれぞれ各社別規格ですし、レンズの着脱の回転方法も、ズームをする際のレンズの回転方向もメーカーによって違います。各社が歴史的に自社の方法でずっとやってきてしまっているので、基本的なところを統一することが難しいのです。

質問者　独自部分も残しつつ、わかりやすくもしなければならないということなんですね。デジタル化の影響で、ユーザビリティを考える必要性が生じていった背景なども含め、とても貴重なお話でした。ありがとうございました。

10.3 設計・開発担当のCさん
──製造業、従業員規模：10,000人以上

各部署が当たり前にHCDの考えを共通認識として持って進めていくことが理想

質問者 Cさんは製造業にお勤めとのことですが、どのようなお仕事をされているのでしょうか。

Cさん 私は製品の設計・開発のなかで、お客様が製品を使いやすいかどうかの性能評価をしています。当社では、製品の企画から開発、製造までを行っており、様々な部署で役割が細分化されています。製品を企画する部署やデザインを考える部署、製品の設計・開発をする部署と多岐にわたります。

質問者 デザインの部署と設計・開発の部署との違いはどういったところでしょうか。

Cさん デザインの部署は製品の全体像やイメージを作成する部署で、設計・開発の部署はそのイメージを製品にするためにどのような構造にするかを考える部署になります。お互いに連携した業務を行っています。

質問者 デザインの部署と設計・開発の部署で製品を検討していくのでしょうが、開発のスタートはどのように行われていますか。

Cさん まずは、製品を企画する部署から始まります。新しい製品のコンセプトを示して、各関係部署のリーダークラスを集めて議論して課題を共有し、良い製品をお客さまに届けるにはどうしたらいいかを考えていきます。

質問者 ここは良い、ここは悪いと、評価をしながらデザインや設計を繰り返し行うことは頻繁にありますか。

Cさん ありますね。企画のコンセプトをどのように製品に落とし込んでいくのかが課題になるので、デザインだけでなく、使いやすさにもこだわった製品にしていくために試行錯誤しています。

質問者 市場調査や、個別のユーザを対象にしたユーザ調査は、企画部でされるのでしょうか。

Cさん 企画部署でも実施していますが、デザイン部署や、私のいる設計・

開発部署でも行っています。

質問者 実際にユーザになる人たちと接する機会があるのは、どの部署の方々でしょうか。

Cさん 決まっているわけではありませんが、機会が多いのは企画部署の方ですね。私たちも含めて、お客様の声を聞く機会はできるだけ多く設けるようにしています。お客さまの声を聞き、トレンドやニーズを確認することは重要だと考えています。

質問者 市場調査には、個別のユーザの不平不満などをベースにしたミクロな調査と、マーケット動向をおさえるマーケットリサーチのようなマクロな調査があると思いますが、それらの情報はどの部署が扱っているのでしょうか。

Cさん 企画だけでなく、販売されているところからも情報を頂いたりしています。販売のほうからは、製品に対するお客様からの不満等も入ってきますので、それらを次の製品の開発へフィードバックしています。

質問者 設計・開発部署は、デザイン部署とはどの程度関わっているのでしょうか。

Cさん かなり初期の段階から連携しています。デザインが先行して進んでしまうと、どうしても使いやすさなどの部分で、後から課題が出てくることがあるからです。

質問者 部門ごとに縦割りになっているようにも思えますが、横の連携はできているのでしょうか。

Cさん もちろん横の連携を大切にしながら進めています。人間工学の考え方に基づいた評価は、製品のどの部分でも関連してくるので、様々な設計やデザイン部と密接に関わっています。一人一人がHCDの考え方に基づいて進めていければいいのですが、縦割りになっていることで、分担の意識が強い部分もあります。そこが課題ではないかと思っています。

　製品を1人でつくったり、1つのチームでつくったりするのであれば、人間工学の考え方に基づいて、共通認識の上でつくることができる点が、メリットだと思います。一方で、責任部署が分かれていると、それぞれの担当が共通のイメージを認識して、一つの製品づくりをできるようにすることが

- - - - -

課題になります。

質問者 現状では、他の部署の人たちに HCD の考え方がまだ根付いていない印象でしょうか。

Cさん 根付いていないと思っています。それを根付かせようという活動も続けていますが、ここ 5 ～ 6 年は開発のスピードも上がってきているので、人間工学的な考え方の大切さを、コンセプトの段階でうまく伝えられず、ジレンマを感じることもあります。

　私たちが使いやすさなどを評価する部署だから HCD の考え方についても知っておく、ということではなく、製品を作るなかで、それぞれの担当者が当たり前に HCD について考えていくことが理想です。人それぞれ専門分野は違いますが、HCD の考え方をしっかり持っている方々と仕事をすると非常にスムーズに仕事が進むことを経験していますので、大事なことだと思っています。

質問者 ユーザの要求事項の明示の段階では、企画コンセプトとターゲットユーザについて、どのあたりまで検討されるのでしょうか。

Cさん お客様の使い方や、現状の売れ筋、時代背景などを考えて、企画に合わせたコンセプトにします。要求事項に対して、設計の方と話をしながら、実際に製品ができたときの評価結果を予測して、製品に落とし込んでいきます。

質問者 要求事項は数値的なものにもなっていますか。

Cさん 数値的にしなければ具体的に伝わりにくいため、できるかぎり、数値化しようとしています。ただ、人間工学の官能的側面を数値化するのは非常に難しく、課題だと思っています。

HCD の規格は概論的な内容ではあるが、国際標準化されていることが大きい

質問者 お話を伺っていて、C さんのグループや C さん自身が社内のほかの部署の方々に、HCD の考え方やそのようなプロセスを広めていく立場なのではないかと感じました。C さん自身はどの段階で、いつ頃、HCD の ISO や JIS の存在を知りましたか。

- - - - -

Cさん　特にそのような立場としてミッションを与えられているわけではありませんが、HCD の規格を知ったのは 2010 年頃だったでしょうか。

　入社してからは会社の基準や標準を覚えたり、仕事のプロセスを学んだりしていましたが、さらに良い製品をつくるにはどうしたらいいかを考えていくなかで、HCD の考え方やその規格を知ったのが、最初だと思います。

質問者　HCD の考え方自体は、具体的には何からお知りになりましたか。

Cさん　きっかけは少し忘れているところもありますが、ちょうどその頃に、もっと製品を人中心に考えてつくろうという活動があり、どうしたら人中心の考えで進められるかを考えるために、外部の様々な講義や研修に参加したり、日本人間工学会や人間生活工学研究センターなど、様々な外部の方とつながりを持つなかで、HCD の規格についても学んでいったと思います。

質問者　HCD の規格に関してなにか要望などはありますか。

Cさん　非常に難しいところですね。HCD に精通している方と精通していない方が同じ文章を読んだとしても、理解度がまったく違います。やはり精通していない方が読むと、意味不明です。もしくは自分の中で勝手に解釈し、間違った認識をしてしまうこともあると思います。ですので、できるだけ、誰にでもわかりやすいようにという期待はしています。

　土台になる部分に関しては、世界共通で同じ考え方がいいだろうと思っています。海外の方との認識のずれも、UX の考え方を含めて、あると思います。なので、土台をしっかりさせたうえで、議論がスタートすることが大事だと思っています。

質問者　標準化規格は人工物全般に対してのものですので、かなり抽象化した内容になってしまっています。製品開発に関連した事柄が具体的に、詳しく書かれていないことに不満はありますか。

Cさん　書いてあれば非常に嬉しいです。一方で、UX の観点に対してもそうですが、各社でどのような価値を提供すべきか変わってくるところもあり、どこまで規格として固められるのかは非常に難しいと思います。

　規格と会社としての方針が合わない場合などを考えると、やはり規格には汎用性のある概論的な内容が求められるのではないでしょうか。正直に言うと、当社に合致した一般論があればありがたいですが、各社で方針が異なる

と思うので、標準化の難しさがあるのでしょうね。

質問者　例えば、Apple のインターフェースガイドラインなどのように、各社で独自のガイドラインがあることもありますね。御社にもそういったガイドラインはありますか。

Cさん　もちろん、社内での基準はあります。今まで蓄積されたノウハウから、このような考え方をしましょうというものです。ただし、その部分に書かれておらず、新しく考えなければいけない事象が発生したときは、経験や基礎知識が必要で非常に悩ましい判断を求められます。世の中の動向や、ISO や JIS のような標準規格を参考にしながら、社内基準は更新されています。

質問者　社内基準は、HCD の規格と矛盾するわけではなく、両立しうると考えていいでしょうか。

Cさん　現状はそれほど矛盾していません。難しい話ですが、逆に JIS 規格、ISO 規格を細かく設定してしまうと、矛盾が生じる可能性はあります。今のところは概論という形で書いてあるので、大きくは矛盾していません。

質問者　概論であっても、ISO や JIS などの規格になっていることの影響は大きいでしょうか。

Cさん　一般的な話になってしまうかもしれませんが、議論をするときに ISO 規格になっていれば、相手の方にも、これが一般的だと納得してもらいやすいです。誰が書いたかわからない考え方に基づいて説明をしても、本当なのかと疑われます。JIS や ISO 規格はそれに関連する専門分野の方々が議論をして、規格として承認されているので、そこに対する異論が出ることは少ないと思います。

質問者　規格化されていることで、一種のお墨付きになっているという感じですか。

Cさん　そうだと思います。

質問者　もし、HCD の考え方が規格化されていなかったとしたら、社内への説明のしやすさに関してはいかがでしょうか。

Cさん　非常に難しくなっていたと思います。

UXやユーザの満足に関係する多様な要因を考慮して、1つの解を出すことは難しい

質問者 ISOの規格の中でHCDとして書かれているのは、身体面と一部の認知面です。感性面も非常に重要だと思いますが、そのあたりについて規格では満足感くらいしか触れていないことは、どのように思われますか。

Cさん そこは非常に難しいところだと個人的には思っています。感性面の主観的な部分が入ってくるところは、はたして規格化できるものなのかと、私も考えています。規格化されたとしたら、それに従い、自分たちの会社のポリシーを含めて、合うかどうかの判断が必要になってきますし、ズレがある場合の判断も議論しなければいけません。満足感とは何か、誰にとっての満足感なのか、満足感はどうすれば上がるのか、という数値化できないところは非常に悩みます。

質問者 満足感に関してはいろいろな要因が絡むので、単純な数値化は難しいでしょうね。

Cさん 本当に難しいです。UXに関係する要因との関係性も理解したうえで、製品の部分にどのような考え方を適用するかは、1つの解で言い表すことができず、非常に大変です。モノづくりはモノを使う側の価値観（お客様の価値観）によって決まると思っているので、なかなか1つの解というのは出せずにいます。

質問者 御社として、満足感について一般化した枠組みはありますか。

Cさん 今、社内統一の考え方を示したいと思ってはいますが、難しいですね。外部の方とも話しながら、もう一度、自分の認識を含めて間違っていないかを確認しているところです。

　今後、人間がより良い生活をしていくためにも、様々な製品がつくられていくと思います。それを使って、生活を豊かにしてもらいたいと考えるなかで、お客さまに良いものを提供し、それを使ってよかったと思ってもらえる、それが製造業の幸せだと思っています。どのようにつくれば、お客様の満足感をより高められるかを考え抜いて製品開発を進めれば、良いものができるのだろうと思います。より良いものを提供するためのアプローチをどの

ように社内の皆に伝えて、製品にしていけばよいかを考え中です。

質問者　Cさんの所属しているようなグループが他の部門にも存在していたら、いかがでしょうか。

Cさん　名前が付いた組織があるだけではなく、一人一人の中に基本的概念として持っておかなければいけないのではと思っています。人間工学やHCDの考え方は技術者であれば、持っておくべき考え方だと思います。

質問者　お話を聞いて、1つの製品をつくるにも大変な思いをされていることがよくわかりました。いかに各部門に共通認識を持ってもらい、ワンチームマインドで進められるか、ということなんですね。どうもありがとうございました。

10.4 デザイナーの D さん
——製造業（総合電機・システム）、従業員規模：10,000 人以上

ロールはデザインだが、目的はイノベーション

質問者　研究開発部門でデザインを担当されているとのことですが、ご自身のキャリアのスタートはプロダクトデザインだったのでしょうか。

D さん　プロダクトデザインの業務に従事しながら、インタラクションデザインの研究などをしていました。いわゆるインターフェースデザインと言われている部分は、直接は関与しませんでしたが、インタラクションシステムの研究をしていました。その後は、サービスサイエンスと融合したサービスデザインの領域を立ち上げ、ビジョンデザインという次のステージ、要は、バックキャスティング型で事業や社会の将来像を考えるというデザイン研究をしていました。現在私がいる組織は、簡単に言うと、研究開発のグループが 3 つのコンポーネントに分かれています。一つは基礎研究をやっていて、最も大きなものは技術開発をしています。もう一つがデザインとサービスサイエンスと、上流系の顧客価値を直接、業務の中で発揮する研究領域が一緒になったものです。

質問者　今のご所属には、デザインというキーワードはないのでしょうか。

D さん　部門名としてはなくなりました。ここが大きい転換になっているのですが、デザインという職能は、職名でも認められていますし、技術はありますが、屋号としてのデザインはなくなりました。部門の中でデザインを使ってイノベーションを起こすという感じで、内包しました。そこで働いているデザインバックグラウンドの人の肩書には全員、デザインが付いています。

質問者　肩書は、デザイナーなんですね。

D さん　はい。ロールはデザイナーですが、目的はイノベーションです。事業領域に合わせて、プロダクトデザインをしている人もいれば、インターフェースデザインをしている人もいますし、サービスデザイン、サービスサイエンス、ビジネスモデリング、事業戦略に近いことをしている人もいま

す。全体の流れのなかで、プロダクト中心の事業だったものが、ユーザビリティの世界を広げてエクスペリエンスに向き合ったときに、エスノグラフィー調査のようなものから、だんだんと事業の上流にリーチしていく動きになりました。それに伴い、当然デザインも一緒に成長してどんどん事業の上流にいくことによって、いわゆるビッグ・ユーザビリティも突き詰めていけました。そうすれば商品企画や企業経営になるので、ほぼそこまで来た感じです。

認定 HCD 専門家が推定 60 人ほどいる

質問者 ユーザ調査やユーザビリティ評価などは、デザインとサービスサイエンスの部門で行っているのでしょうか。

Dさん ユーザビリティ評価の多くはグループ会社で引き受けています。しかし、昔から使い勝手と言われているレベルの調査はほとんどありません。もう少し上の、新事業創成や業務システム改革に伴うユーザ調査などです。

質問者 上流へという感じですね。

Dさん そうです。当社は昔、ユーザビリティ調査などをするのは本当に最後のほうで、使い勝手の悪いものに対して手当てをする部分に取り組んでいた時期があります。当時でも、このような ISO の規格、HCD に真摯に向き合っていた会社は、いくつかありました。基本的な設計思想の中に人間中心を組み込まなければ受注できない時代があったのです。HCD-Net で HCD の専門家のライセンスを第 1 期で取っていた会社は、組織的な取り組みを継続されていると聞きます。しかし、公共性の高いシステムなどの分野で組織的に HCD に取り組んできた会社であっても、今ではユーザに関する調査は上流に移っているようです。

質問者 デザインしてみて、下流でユーザビリティの問題が出ることもあり得ると思いますが、そういった場合には、グループ会社に委託するのでしょうか。

Dさん 必ずしもそうではありません。

質問者 ユーザビリティ評価ができる人材が育ってきているということで

しょうか。

Dさん おそらく、当社のグループは比較的、HCD をリードする人材が多い
ほうだと思います。HCD-Net で名前が公開されている、専門家として認定
された人は、グループを含めて 40 人くらいいるのではないでしょうか。想
像ですが、名前を公表していない人はたくさんいるので、あわせると推定で
60 人くらいではないかと。研修所で情報システム系の部門などには教育プ
ログラムが提供されていますし、我々の部門でも、新人の導入教育を行って
います。

質問者 それはすごいですね。HCD の認定資格を取ることの意義やモチベー
ションはどういったところにあるのでしょうか。

Dさん 当社のスペシャリストのうち十数名は当然、高いレベルで専門家で
なければならないので、ある程度、自主性に任せているようですが、有資格
者の人数は概ね把握するようにしています。増えているのはグループ会社で
はないでしょうか。

　以前当社のメンバーが国際学会に参加した際、上流で、エスノグラフィー
の案件を 200 件くらい実施していると言うと、世界中のエスノグラファーか
ら驚かれたそうです。どうすれば社内でそのような活動ができるのかと聞か
れたと言っていました。長蛇の列ができ、質問をたくさんされたそうです。

質問者 HCD の専門家であることの証として取っていく方が多いのでしょう
か。

Dさん それについては、先日、HCD-Net の関係者の方からヒアリングを
受けました。どのくらいのペースで取っているのかと聞かれたので、毎年
取っていると答えると、どうして取ってくれるのかと言われました。HCD
の認定はずっと取り続けているし、専門家の集団として、ある一定のレベル
にあることを認めてもらえるのではないかと考えています。当社では、社内
的にそこをきちんと評価しています。少なくとも我々の組織の中では認定の
存在を、デザイナーたちも知っていますし、社内には表彰状も貼ってありま
す。

2000年頃には人文科学の観点から上流志向にかじを切り、さらにビジョンデザインの活動へ

質問者 HCDが社内にかなり浸透して、それを突き詰めた結果、上流工程に重きを置くようになっていったという経緯でしょうか。

Dさん そこはニワトリが先か、卵が先かわかりませんが、どちらかというとデザイン組織の変革の中で、上流へのシフトを指向したことに起因している気がします。HCDというか、デザイン価値そのものを、部門の限られた人数で、30万人いる会社の製品を扱うので、上流にいくしかありません。デザイナーをセンター制の形で集約して取り組んでいるのが我々の部署です。他社では、事業部ごとにデザイナーを振り分けているところが多いと聞きます。我々はセンター制をとっており、事業部およびグループ会社の依頼として社内コンサル的に仕事を請け負うことが多いのですが、例えば一般ユーザビリティの業務委託を引き受けるためには、個別の事業案件に張り付くように対応することが求められます。人数規模や部門の役割を超えてしまうので、現在は教育として、HCDの普及を進めています。

質問者 デザイン部門が今のように、特に上流志向にかじを切ったきっかけは、時代的に見るといつ頃なのでしょうか。

Dさん かじを切ったのは、私の理解だと2000年代前半です。ちょうどITバブルが終わった頃でしょうか。プロダクトとして携帯電話なども出てきた頃で、だんだんと韓国や中国がいろいろな技術を持って台頭してきました。低価格化も進み、競争も激しくなりました。その頃、組織戦略を検討するなかで、パインとギルモアの『経験経済』が議論によく上がってきました。顧客経験の視点でデザイン活動を見直すことが脱・コモディティ化の鍵になるかもしれない、というデザイン組織の経営判断から"エクスペリエンスデザインで独自性の高い製品・ソリューションを生み出すこと"を目標に、組織的に取り組むことになりました。『経験経済』からインスピレーションをもらい、経験価値は利用する前から始まり、使用中を経て、使用を終えたときまでつながっていく一連のものであり、ジャーニーとして捉えるべきだという考えを、中心戦略に置きました。それを持ってもっと製品開発の上流にい

- - - - -

き、デザインの価値を社内に認めてもらおうとしました。

　HCD の話でまた重要視されるようになりましたが、根本的にきちんとユーザを見て、それを商品の形にして検証することは、50 年も 60 年も前から行っていました。それをきちんと社内で組織的にできることだと伝え、しかもレベルを上げていくことができなければ、企業の商品開発の上流には入っていけません。最初にエスノグラフィー調査に取り組んだのは、エスカレーターの保守事業だったと聞いています。この学びを活かして、利用の行動文脈のようなものまで捉えていくことを、人文社会科学の観点できちんと成立させ、製品・ソリューションのデザインに結実させるエクスペリエンスデザインとして、事例を拡大し、技術を高度化していきました。

質問者　ISO の 13407 が 1999 年に出て、翌年に JIS 化されていますが、そういった規格の影響というよりは、エクスペリエンスデザインからダイレクトに、かなり早期に社内的には取り組まれていたということでしょうか。

Dさん　そうですね。JIS や ISO などで HCD というキーワードが世の中に出てくるようになる前からです。人文社会科学の専門性のある方から人間中心に見ていくという動きが芽吹いていき、社内でもユーザ調査という業務が本格化したのは、1990 年代後半からだと思います。

質問者　そのあたりは、パインとギルモアの『経験経済』の本の影響が最も大きいですか。

Dさん　エクスペリエンスへの転換はその影響が大きいですが、当時、現場のデザイナーだった私の視点からは、ノーマンの『誰のためのデザイン？』の影響も大きかったように思います。

質問者　ISO の規格、JIS の規格の影響は、それほどなかったのでしょうか。

Dさん　私の印象では、デザイナー側で見ていると、社内でのデザインの役割を突き詰めるなかで、HCD のような考え方をデザインに組み込んでいく際に、これまでのデザインで行われていた職人技的なやり方でなく、人間中心の使い勝手、品質を担保できることが第一でした。そこで ISO や JIS の規格もついてくるという感じでした。

質問者　その後で、2011 年には『UX 白書』なんかも出ましたが、影響力はありましたか。

Dさん　『UX白書』のインパクトは、現場のデザイナーの全員には及んでいません。本当に良くも悪くもというか、我々の中で、HCDに関して言われていることは、組織的にも当たり前になっているので、白書などがなくても当然行っていることという感じです。

質問者　規格や白書のようなものがなくても、すでに社内に根付いているもので、なにを今更という感じなのでしょうか。

Dさん　答え合わせのような感じですかね。したがって、少し失礼な言い方になってしまいますが、そのようなものを見ても、それほど驚きはないわけです。インタフェースのベースとなるようなものは、もちろん確認はしています。ISOが変わったときなども、率先して読み下すチームがあって、改定される度にきちんと読み合わせをしています。そのような活動を中心になってやってくれる人文社会科学系の人たちがいることが前提にありますが、我々の組織文化の中では、デザインプロセスは限りなくHCDのプロセスに近いです。

質問者　『UX白書』は主に北ヨーロッパ系の人たちが中心になってまとめたものですが、アメリカのIDEOなど、そのような海外の動きについては、どのように捉えていますか。

Dさん　あまり分析的には言えませんが、デザインプロセスやデザイン全般の話とHCDプロセスの話は、切り分けて説明ができません。IDEOがしているような、いわゆるデザイン思考プロセスや、英国のダブルダイヤモンドのような話は、私としてはデザインやデザインイノベーションという文脈で1995年頃からずっとウォッチしていますし、それと同じようなことを社内でも2005年くらいから続けているので、十分理解して影響も受けています。HCDで起こっている動きも、ほぼ同じように起こっているものと理解しています。

質問者　2000年代の話が結構出てきましたが、2010年代から現在までに、パラダイムの上で新しいものは何かありましたか。

Dさん　少しデザイン寄りになってしまうかもしれませんが、2010年に会社の事業の軸足が変わり、ビジョンデザインという活動を始めました。その際、これまでプロダクトを中心に、プロダクトプラスサービスとしてエクス

ペリエンスデザインなどに取り組むことが得意だった、我々のデザイン部署のなりわいを再定義する必要があると考えました。そして、私が研究提案をする機会を貰った際に、社会インフラを変えるようなデベロッパーの開発のまちづくりをしたことがあります。それは、5年から15年くらい先のものをつくるということでしたが、15年先のユーザにインタビューや、存在しない街のエスノグラフィーは不可能だということに気が付きました。15年後のその街に住むであろう人の価値観を、どのように捉えればよいかを考えた結果、ビジョンデザイン方法論というものを起案し、取り組むことにしました。15年先の社会の外部環境を、政治、経済、社会、技術の側面から調べ上げ、それらを時系列に見ていくなかで、まだ出会っていない技術と社会のトレンドが一緒になると、このような価値観が台頭するということを抽出し、それらをベースに、将来のお客さまがこのような価値観になるだろうからこのような社会サービスが必要になる、という人間中心の新しい未来の洞察と描出の方法論をつくりだしました。

質問者 それをつくる際に基になったものは、何かあるのでしょうか。

Dさん まず未来予測を対比的に見て、未来は予測できないという前提に立ちます。シナリオシンキング、経営意思決定のための未来予測ではなく、まだないイノベーティブな望ましい社会を考えるための方法として、未来洞察という方向にしました。手法なども比較してみました。一つは、いわゆるデルファイ法と言われているものです。デルファイ法は、専門家を集めてインタビューをしたり、アンケートの統計をかけたりして、それをベースにまたその人たちにディスカッションしてもらう、という専門家のインスペクション評価のようなところがあります。

　もう一方で考えていたものが、Stanford Research Institute のスキャニングという手法です。さらにそこに加えて、経営者になじみがよい、経営分析のPSTという枠組みを使いました。

ISO や JIS の規格は社内説得の材料として有用

質問者 では実際の活動の中で、規格が役に立った場面というと、どんなも

のがありますか。

Dさん　社内説得のための材料という点は、今でも大きいです。ISO や JIS はものづくりの会社において、事業所を越えた重要なプロトコルになるので、規格に準拠しているというのは、話すときに非常に説得力があります。規格に準拠できているところとできていないところについては、B to B の仕事が多いので、お客さまの予算や事情で、そのシステムに対してすぐには対応できないことがあります。その場合は段階的にしたり、優先順位をつけたりして回避しています。準拠できないときは結構ありますね。例えば大規模システムだと、今それを行ってしまうと根本のシステムのデータベースを変えなければならないから今は無理、という場合などです。

質問者　大規模な改修になってしまう場面では難しいということですか。

Dさん　特に当社の場合は、本当に規模の大きなシステムが多いです。お客さまのタッチポイントになるシステムを本質的に変えてしまうと、根っこに影響してしまいます。なのに、変更を根本からしなければ無理だ、と言うと断られます。受注しているので、限度があります。

質問者　社内規格や社内データベースだけではなく、いわゆる業界関連全体で関わってくるということですか。

Dさん　すべてのケースを理解できていないのでわかりませんが、業界全体とは言わないまでも、金融や鉄道は、一つのシステムがいろいろなものと連関していきます。ですので、一つを変えるために、その端末だけではなく、すべてを変えなければならないとなり、依頼元の部署以外の人たちにも影響してしまいます。

質問者　先ほどの話で、社内では、人間中心という考え方がすでに浸透していて、規格についても気にしている方が多いとのことでしたが、クライアントに関してはいかがですか。クライアントにまでそのような考え方は行き渡っているのでしょうか。

Dさん　2005 年頃に、あるメンバーが情報の事業部に行き、エクスペリエンスオリエンテッドアプローチ、EX アプローチという一つの事業を立ち上げました。金融の仕事をデザイナーとして続けていると、お客さまの業務そのものに言及し、エンプロイー・サティスファクションが高く、ユーザビリ

ティが良いシステムをつくらなければ、最終的に金融を使っているエンド
ユーザにまで迷惑がかかります。旅館の改築工事のようなことをしていては
駄目なのです。そもそも最初から手戻りなくお客さま中心のデザインをして
いくことによって、全体の工数も減りますし、お客さまの本質的な業務の課
題も解決できるため、当社としては、エクスペリエンス・オリエンテッド・
アプローチで主に業務システム改革のご提案に取り組んでいくというソ
リューションメニューを発表しました。事業として人間中心ということに取
り組み、今もなお続いています。当社のお客さまには、当社は人間中心で提
案してくる所であると、ある程度は思ってもらえているはずです。

規格の改定の意図も読もうとしている

質問者 HCD に関する規格については社内で教育をしているとのことです
が、規格の改定についてはどのようにフォローしていますか。

Dさん 改定の際のフォローは若干、大変です。規格が頻繁に改定されるこ
と自体は、非常に良いことです。規格はスタティックなものであってはなら
ないと理解しています。ただし、どこが改定されたのかについてはすべて、
10 人くらいの部署でタスクフォースチームを組んで 1 ページずつ読み合わ
せをし、その意図を考えるという取り組みをしています。セミナーに参加す
るなど、手間がかかってしかたがない面もあります。

質問者 規格の解説にだいたいのことは書いてあるので、基本的には解説を
読んでいただけると手っ取り早いと思いますが。

Dさん それが、手っ取り早くないのです。ここは、きちんと当事者に聞い
たほうがよいのでしょうが、実践している本人たちは、改定に関わる意図を
くみ取ることを大事にしているようです。いずれにしても結構、時間をかけ
ても、わかりにくいところが正直あると担当者は言っていました。このあた
りは、作り手はきちんと書いてあると言い、使い手は使いにくいと言ってい
るような、よくあることですが、かみ合っていません。

質問者 規格の位置づけについてはいかがでしょうか。HCD の考え方のベー
スとして、そのようなものがあると捉えている感じでしょうか。

Dさん　そうですね。これをガイドラインにしているというよりは、このような後ろ盾があるため、自分たちがしていることは大丈夫だと思えたり、自分たちが間違っているのかどうかを時々参照できたりするという印象です。

質問者　その後ろ盾の役割としての規格と考えたときに、どのような内容を規格の中に取り込んでもらえると嬉しいなど要望はありますか。

Dさん　そうですね。お客さまでもそうですが、デザインや研究をしている人が、開発をしている外側の人に何かを伝えるプロトコルとしては、確かに自分たちの仕事をすべてカバーしてもらえてありがたいです。しかし、どのようにするのかが、ぴんと来ませんでした。また、参照点としてこれを使うので、もっとメジャーになってほしいです。HCD的なものとデザインイノベーションは切り離せませんが、業界としては2つに分かれています。別の業界になってしまっていることは、私にとってつらいところです。

質問者　主に大学での、現在のデザイン教育についてはどう考えていますか。個人的な意見で結構です。

Dさん　この3〜4年は、デザインの学校でも少し教えるようになりましたが、それまでは自分が業務として行っているデザインという活動は、基礎的なデザインを学ぶ学部生向けの教育にはそぐわないと思っていました。なので、当時引き受けていたのは一部の大学や社会人向けの教育活動です。今も、MBA系の教育機関や、デザインでも一部の美術大学の大学院や産学連携のスキームをもったところなどでは教えています。指導教官の教育方針に共感できたものに関して、協力しているといった感じです。

質問者　その後につながる教育をされたいということですね。御社は、企業の中でもかなり先進的にHCDの活動をされてきて、さらにその先を見ているということがよくわかりました。どうもありがとうございました。

10.5 マーケティング担当のEさん
──製造業、従業員規模：未回答

実体験の中からユーザビリティに関心を持ち、大学院で学んだ

質問者 まず、Eさんのこれまでのご経歴について簡単にお話しいただけますか。

Eさん 私は社会人になってから大学院に行きました。学部卒で一度就職して、3年ほどたってからです。私にとってのその空白の期間に、ISOがJIS化されたり、ISOの解説本が出版されたりしました。大学院に入ってユーザビリティやHCDを学び、修了してからはデザイン会社に入社し、5年くらい在籍した後、別の会社に移って経験をつみ、現在の会社に入りました。それらを通して経験してきたこととしては、事務的な仕事からHCD全般、ユーザビリティの改善、製品開発と多岐にわたります。現在は、共創や新規事業を担当しています。

質問者 HCDという考え方を知った、きっかけは何でしたか。

Eさん 解説本もありますし、大学院での指導教員がHCDについて話していました。研究の始まりといいますか、研究背景としてHCDやユーザビリティの規格の話が出てきました。当時、指導教員はユーザビリティの評価方法を研究していて、学生にもメインで評価をさせてくれていたので、研究のためにその分野の本を読むことが多くありました。

質問者 学部卒から大学院進学までの間が少し空いていますが、大学院に行こうと思われたきっかけは、どんなことでしたか。

Eさん 私は、学部生のときは工学部で人間工学を勉強したいと思っていましたが、当時はまだインターネットがあまり自由に使えない時代で、私がたどり着けたのは、ノーマンの『誰のためのデザイン？』という本くらいでした。図書館でノーマンの本を読む程度のことしかできませんでした。

その後、学部卒で社会人になったものの、したい仕事も勉強も見つからない状態でなんとなく働いていました。そうこうしているうちに、インターネットが自由に使えるような時期が来て、いろいろな情報を見つけるように

なりました。ユーザビリティに関しては、すでに多くの先生が研究されていたと思いますが、それほど熱心な学生ではなかった自分にとっては、なかなか見当たらず、3年間のブランクが生まれた感じです。

質問者 工学部に入ったけれども、関心は人間にあったということですか。

Eさん 両方とも関心はありましたが、ユーザビリティが、自分が一番したかったことです。どのようにして、ものとうまく付き合えるのかといったことに興味がありました。

質問者 そこに興味を持ったきっかけは、何かありますか。

Eさん 時代だと思います。私が10代の頃はポケベルなどのガジェット類が出始めた頃で、ユーザビリティがあまり良くないものが多かったのです。携帯電話でも文字数の制限があったり、メモリーが一杯になって写真が送れなかったり、新しいデバイスはあるけど、制約がある状態で付き合わなければいけませんでした。そういったものとの出会いを通して、興味を持ったのだと思います。今のように、初めからスマートフォンと出会っていれば、使いにくさをそれほど感じなくて、今ほど興味を持たなかったかもしれません。

質問者 実体験の中から、なぜこうなのかという疑問を持ち、興味を持たれたということですね。

Eさん 好奇心があって、新しいものを扱ってみたいと思ったことが、当時のきっかけだったと思います。かといって、心理学専攻に行こうとは思いませんでした。世の中がこれからは「Windows 95」だと言っているし、工学部に行けば職にあぶれないだろうという浅はかな考えがあったのだと思います。

HCDよりも、デザイン思考が全社的に普及していった

質問者 HCDという考え方については、どのように考えていますか。

Eさん 非常に先人に感謝しているといいますか、初めにこのように整理していただき、ありがたいと思っています。まず、学生時代にHCDの概念を知ったときには、すでに体系が整理された状態で土台があって、そのうえで自分がしたいことを論じることができたので、そういった点は非常にありがが

たかったです。HCD の規格では、用語の定義もされているし、プロセスも整理されてまとめられています。HCD の規格だけではありませんが、HCD の活動をしたいと思うなかでそれだけを読めば、用語の定義から方法などすべてが収まっているのはありがたかったと、学生時代を振り返ると改めて思います。

　働いてから思うのは、知らない人に紹介しやすいというメリットです。主に設計の人に対してですね。このような規格があって、私たちもこのようにものづくりをすると良いものができる、といった説明するのに使っていました。HCD は規格化されている、という枕ことばがあるので、他の人に伝える際に伝わりやすくなります。

質問者　HCD が ISO 規格という形で、規格化されていなかったとしたら、どのようになっていたと思いますか。

Eさん　規格化されていなかったら、取り組みが遅れていたと思います。後で話に出てくるかと思いますが、私自身は、デザイン思考と HCD プロセスは、ほぼ同じだと思っているので、規格化されていなかったとしたら、デザイン思考が広まるまで、進まなかったと思います。

質問者　HCD とデザイン思考では、どのような点が、どのように同じだと感じますか。

Eさん　要件を考えてプロトタイプをつくって、テストをして、問題点が見つかったら改善していくという点です。見せ方が、サークルかダイヤかの違いはあるにしても、している活動は同じではないかと思っています。

質問者　デザイン思考の場合、このような考え方があり、これはいいですと他の人に勧めるときに、勧めにくいということはありますか。

Eさん　すでに広まっていたので、話しにくいということはなかったです。製品開発ではなく新規事業の担当になったときには、私が今まで行ってきた調査やテストを HCD プロセスの文脈で語るよりも、デザイン思考の文脈でユーザ調査をして、プロトタイピングをして、またアイディア出しをすると話しました。説明のしやすさという点では、HCD よりもデザイン思考のことを知っている人が周りに多いので、それを説明しにくいと感じることはなかったです。

質問者　周囲の方々の間では、HCD よりもデザイン思考のほうが広まっているということですか。

Eさん　はい。アメリカのデザイン企業から学ぶ機会もあって、デザイン思考のほうが社内では広まっていると思います。それが良いことなのか悪いことなのかは、何ともいえませんが。当社の場合、デザイン企業や研究所の研修を受ける機会もありました。そして、デザイン部署がそのような取り組みをしていることは社内でも関係部門に伝えていました。そのような動きもあり、デザイン思考というものがあることが社内でも広まりました。

質問者　先ほど、HCD について様々な人と話すときに、規格化されているから話しやすい、あるいは理解されやすいという話がありましたが、デザイン思考の場合は、デザイン部署がそのような進め方をしていることが全社的に知られているから、社内で話が通じやすいということでしょうか。

Eさん　そのとおりです。でもネット記事や本、セミナーなどで「デザイン思考」に触れる機会がたくさんあることも影響していると思います。

質問者　では、社外の方と話をする際はいかがですか。

Eさん　入社してから、私自身はそれほど多く外注はしていません。部分的なリサーチのみ、あるいは GUI 制作のみといった、切り出して頼むような仕事しか担当していないので、何ともいえませんね。

質問者　そうですか。UX についてはどのような扱いなのでしょうか。

Eさん　私は UX の扱いについてはそれほど深く考えなくてもいいのに、と思っていました。会社としては UX という言葉を積極的には使っていない印象があります。他社と違い、UX を言い出さずに済ますのか、違う言葉を使ってよしとするのか、どのようにするのかはよくわかりません。とはいえ、何かの流れで UX と言うときはあります。デザイン思考で取り組む際には、取り組みの具体性が見えるので積極的に使っていると思いますが、UX をどのようにするかについてはサラリと言っているように感じます。当社には理詰めのエンジニアがいて、UX とは何かと聞かれたときに明解に答えられないため、限定的に使用している印象を私は受けますね。

質問者　UX はまだ、得体の知れないもののような扱いなのでしょうか。

Eさん　そこは、あまり追求するのはよくないと思っていたのではないでしょ

うか。『UX白書』を読み解こうとしていたときもありましたが、一意に定義できないということは、当社では困るのではないか、と私は思っています。

ユーザビリティに関しては活動リソースが足りず、HCDは体系とマッチしない

質問者 では、ユーザビリティについてはいかがですか。御社の場合は、いつ頃からユーザビリティに対する関心が高まってきましたか。

Eさん 当社のユーザビリティへの取り組みは私が入社する以前から始まっており、ユーザビリティの定義や評価方法は広まっていないとしても、高品質を支える意味では、ユーザビリティという品質特性に関心を持っていると思います。公共性の高い製品もあるため、それらの開発のときには、ボタンの視認性などの点に関しては、早くから根付いていたと思いますが、デザイン部署の先輩たちを見ていると、苦労されていたような気もします。デザイン会社にいた経験から考えると、デザイン会社は、ユーザビリティを良くしたいと考えているお客さまがそもそも来られるので、一緒にユーザビリティを良くする活動に注力できた気がします。

　一方、事業会社でユーザビリティを良くするための活動をしようとしても、そのリソースがないのにユーザビリティの評価などが行われていたのだと思います。初めに話したように、ISOのHCDの規格の話は、「これで製品が良くなる」と活動を始める方たちに伝えるためには良かったと思います。でも今振り返ってみると、それを聞いたところでリソースがない人たちには難しかったのだろうと思います。

質問者 ユーザビリティを良くするためにユーザ調査をしよう、あるいはユーザビリティの評価をしようとなった際、時間や予算、人というリソースがないという問題があったのでしょうか。

Eさん 今出ている当社の製品でもユーザビリティが素晴らしいものばかりとは言えないので、そのような場合はリソースが足りなかったのかなと思っています。

質問者 品質特性の一つとして、視認性や安全性などの別の品質特性を重視

して、ユーザビリティが後回しになる形で、ユーザビリティに特化し、そこを中心に回していく体制ができていかなかったということですか。

E さん　後回しになっているからなのかはわかりませんが、確かにそのような体制はないかもしれません。それは、当社の一つの特徴ですが、デザイン部署が事業部ごとにあるわけではないのです。デザイン部署は事業部から独立しており、事業部からその都度依頼されるケースが多いと思います。他の会社では、事業部ごとにデザインやユーザビリティの担当がいて、担当製品に長く関わる体制をとっている会社もあります。そこにはメリットとデメリットがあると思います。当社は別組織になっているので、そういった体制をつくることに向いていないのかもしれません。

質問者　事業部からデザイン部署に仕事をお願いするときは、色や形のデザインを中心に依頼をする形でしょうか。

E さん　もちろん、色や形を検討する仕事もありますし、私が現在担当しているような新規事業の支援依頼など多岐にわたっています。ユーザビリティに取り組む体制について話を戻すと、デザイナーとユーザビリティ評価ができる人たちが別チームになっているため、色や形の仕事を依頼して、ユーザビリティ評価の仕事も依頼があれば、無理なく対応できるということです。

質問者　ユーザビリティの部門は、デザイン部署とは別にあるのですか。

E さん　ユーザビリティ評価ができる人はデザイン部署の中にいます。ただし、同じ組織ですが、チームが別になっています。

質問者　HCD は、ユーザビリティを高めるために、どのような設計プロセスをすればいいかを規定した規格です。それが根付かなかったという背景には、いろいろなことをそれぞれが行ってきたことで連続性が途切れ、設計プロセスとしての HCD は根付かず、デザイン思考という概念のほうが根付きやすい社内風土があったということでしょうか。

E さん　ISO の HCD プロセスでは、プロセスをマネージする人が必要です。デザイン思考では、デザイン部署がファシリテーターとしてプロジェクトに入ることがあり、マネジメントのようなことができていると思います。一方で、HCD プロセスの場合は、プロダクトオーナーがあまりユーザビリティに興味がなかったり、興味はあっても知識がなかったりすることがありま

す。HCD の規格に対しても、事業部の人間よりもユーザビリティ評価を行っている当部門の人間のほうが詳しいとなると、どちらがそれをマネジメントできるのかという点で破綻してしまうのかもしれません。

質問者　HCD の規格では、多様な職種の人たちを HCD のプロジェクトに含めようという内容がありますが、この多様な職種の人たちと協力しながら設計開発を、というところが分断されているのでしょうか。

Eさん　私も、その部分をよく覚えています。そのように多様な人材で仕事ができれば、なんて素晴らしいのだろうと思います。HCD でも、デザイン思考でも、同じように多様な人材で行えばよいと言っていると思います。ただし、誰がリーダーになるのかという点が、HCD プロセスでは当社にマッチしません。事業部側がリーダーといいますか、マネジメントする人にならざるを得ないためです。事業部側では HCD プロセスのことをよくわからないため、付き合いきれないということもあるでしょう。

質問者　先ほど、デザイン部署にユーザビリティ評価ができる人がいるチームがあると言われましたが、事業部側に人材を出して、という話にはならないのでしょうか。

Eさん　そこはわかりません。ユーザビリティ評価も含めた依頼をしてくれる事業部の人には、そのようなマインドがあるかもしれませんが、全事業部にユーザビリティのことを伝え切れていないと思うので、ユーザビリティ評価ができる人材が欲しいと言ってくれる事業部があるかはわかりません。また、ユーザビリティ評価ができる人はあまり多くありません。

質問者　その人数では、全事業部をカバーするのは、難しいのですね。では、HCD の規格やユーザビリティの規格が、実際に E さんが担当された業務の中で役に立ったこと、これらの規格があって良かったと感じたことは、何かありましたか。

Eさん　自分が担当してきた仕事では、ありませんでした。デザイン思考の文脈で説明することのほうがスタンダードになっています。例えば、私はリサーチ担当なので、現状把握を話す際、HCD プロセスの初めの所のもの、というより、デザイン思考の empathize とかで話してしまうので、当社に入ってからは規格があってよかったと思うことがそれほどありません。

製品開発の文脈ではデザイン思考を推さないが、新規事業を支援する際には役に立つ

質問者 デザイン部署でデザイン思考がそれだけ広まったのは、外部講師を招いて社内講習会をしたことの影響もあったのでしょうか。

Eさん ありますね。何回も講習があったので、すべてに毎回、全員が行くわけではなかったのですが、タイミングが合うかどうかや、人を選んだりして、繰り返し行われていました。

質問者 デザイン部署の方が社内講師として、他の社員に講習会をすることなどもありましたか。

Eさん それはなかったように感じます。講習会ではありませんが、プロジェクトベースでこのような考え方で新しい事業を考えていきませんか、と部署内外に広める活動はあると思います。

質問者 プロジェクトの中で提案するときは、研修で学んだこれをぜひ導入していきましょうという感じで伝えていくのでしょうか。

Eさん はい。このような方法があるので一緒に実践しましょう、というふうに提案します。それからまず、デザイン思考のフィールドリサーチに行き、そこで気付きを共有していく、といった感じです。

質問者 特に、新規事業に携わってからは、デザイン思考の色合いが非常に強くなったということですか。

Eさん はい。製品開発に携わっていたときにもデザイン思考は知っていましたが、自分はそのマインドではなかったです。新製品ではない製品開発（改善・改良）の文脈でデザイン思考と言うことはありませんでした。一方で、HCD プロセスのことを言っていたかというと、そうでもありませんでした。私が担当していたものに関しては、ユーザビリティを何とかして欲しいという依頼が多く、さらに、時間もお金もないからエキスパートレビューでお願いしますという感じの話もありました。

質問者 担当されていたのは、既存製品をさらに改善するタイプのものでしょうか。

Eさん はい、既存に当たります。開発が差し迫っているときに、いかにし

てこれを直すのか、という問題点の伝え方の腕を試されていたように感じます。

質問者 問題点をあげた後に、直したので再評価してください、と戻ることはありましたか。

Eさん 私のときにはありませんでしたね。それはおそらく、私が短期間しか担当していなかったことも大きいと思います。もっと長く担当していれば、直したからまた見てくださいというのもあったかと思います。アプリ開発などでは、もっと短い開発サイクルでここを直しました、と見せてもらえると思いますが、当社の製品開発のスパンを考えると、大きな製品ほど、一度つくり終えると再度つくるのにしばらく時間がかかります。ISOの開発サイクルの、次が見えないまま担当が変わった形です。

質問者 ユーザからの声といいますか、不満やクレームが届くこともあるかと思いますが、それらを扱っているのは営業でしょうか。

Eさん おおむね営業ですね。特に、B to Bの製品が多いため、営業が最もそういった情報を持っていると思います。B to Cもありますが、声を拾って、そのあとそれをどうしたという話を私はあまり聞いたことがないです。私自身、B to Cの製品を担当してこなかったので。

質問者 営業から設計に、そのような声が伝わってこないということですか。

Eさん そんなことはないと思いますが、もしも、ユーザビリティに問題があるのに声を拾えていないとしたら、B to B to CのCの声を、営業が拾えていないということはあるのかもしれません。B to Bの買ってくれたお客さま（企業）の声は集められていると思います。

質問者 B to Bの場合、お客さまであるクライアント企業の納入担当者といいますか、そのような方々の声は聞こえるけれども、実際にその製品を使ってくれている人たちの声は聞こえてこないということですか。

Eさん そのようなことも実際あると思います。一方で、B to B to Cでお客さま（企業）が気にするのは、普通のユーザの声というよりもクレームだったりします。クレームのような厳しめの声に、かなり影響を受けてしまうことが多いと思っています。

　それと、最近思うのですが、以前より多くの製品が自動的に処理を行い、

ユーザが操作すること自体が減っているのではないでしょうか。また、当社には操作部のない製品も多く、そういったユーザが直接操作をしないようなものは、ユーザビリティに関わる声を集めにくいのかもしれません。

質問者　現在、Ｅさんはマーケティングをご担当されているとのことですが、いわゆる市場の声は、立場上どのように収集されていますか。

Ｅさん　最近行ったのは、アンケート調査です。新規事業のことなので、まだ使われていないもので、ユーザがいないものですが、ユーザとして想定する人たちにアンケートをしてみました。コロナ前は現場観察や会場インタビューも実施していました。

質問者　Web アンケートだと、どの程度の規模のデータを扱いますか。

Ｅさん　そのときは、予算と時間で決めました。各年代、性別で、Ｎが200人であれば、比較しても一定数のサンプルを集めたと説明できるかな、などと考えて調査設計を始めます。あとは、その製品に触れる機会がある行動をしているかどうかというスクリーニングをして、このようなサービスがあるとしたらどのように思いますか、という聞き方をします。情報を集めたあとは、このアイディアにニーズがありそうなのでもっと伸ばそう、とステークホルダに説明する資料をつくっていきます。最近はユーザビリティ評価から随分と離れましたが、そのようなことが多いです。

質問者　新規事業の企画を通すための事前調査ですか。それは資料を作るための調査というイメージでしょうか。

Ｅさん　はい、アウトプットは資料になります。事業部に所属していないので、自分たちでこのような新規事業をしたいという提案をするわけではありません。事業部から、このような新規事業をしたいから手伝ってもらえないかと依頼があって加わる形です。

質問者　事業部から、このようなデータが欲しいのでそのための調査をしてくださいというようなことを言われることはありませんか。

Ｅさん　まれに、そういった勘違いをされている人もいました。そのようなことではないと、やんわりと伝えます。このようなデータが欲しいと言われて調査設計することもありますが、誘導するような設計にはなっていないと自負しながら行っています。

- - - - -

質問者 デザイン部署のユーザビリティ関係の人たちは、ユーザ調査をあまり行わないのでしょうか。

Eさん フェーズによってはユーザ調査をしていると思います。どちらかというと、評価のほうの仕事が多いのではないかと。

質問者 ユーザビリティ担当の方以外に、ユーザ調査を担当する、あるいはできそうな方々は他にもいますか。

Eさん デザイン思考のセミナーなどで、自分がインスピレーションを得るために必要な調査手法は、私のいる部門のデザイナーたちは身に付けていると思います。

質問者 そのときに、いわゆる質問調査・アンケート調査ではなく、個別のインタビュー調査をすることはありますか。

Eさん デザイナーも個別インタビューはできると思います。人によって考えは違うかもしれませんが、Web アンケートを設計するほうが、慣れるまでは難しいように私は感じています。個別インタビューなら、話の中で気付きを得られると思いますが、アンケート調査票の作成と分析ができるようになるためにはトレーニングが必要です。

質問者 個別インタビューを実施する場合、インフォーマントは通常、何人ほど集めますか。

Eさん 会社の中でプロセスを定めて、新規事業の支援をする活動をしていますが、そのプロセスでは少なくとも 20 人には聞いてみよう、という感じです。

上司のバックグラウンドや時代によって活動の仕方も変化してくる

質問者 規格の話に戻りますが、規格がどのように改善したら、もっと業務で適用しやすくなりそうだ、あるいは、このように改善したらもっと良くなるのにと思うことはありますか。

Eさん 今までも、どなたかがトライしていると思いますが、ISO や JIS の設計規格があり、設計規格があるから話が通る、というようなことでもないと当社の中では HCD の概念はあまり注目されないのかもしれません。しか

- - - - -

しHCDの規格がそうなって欲しいとも、あまり思っていないですし、難しいですね。

質問者　製品として出すときに、これに準拠しなければ出せないという制約が生まれない限りということですか。

Eさん　HCDではなく、別の規格で寸法的なことに対して準拠しなくてはいけないということはあります。だからといって、HCDプロセスにもそのような数値的なものを持って欲しいとは、全く思っていません。

質問者　そうですか。御社でも品質保証の部門があると思います。品質特性を担当している方々は、HCDやそれに関連した規格についてどのような態度ですか。

Eさん　知り合いがいないので、どのように思っているのか何ともわかりません。仕事を一緒にする人たちの中に、品質保証の人たちがいるかというと、それもいませんので。

質問者　部署が全く別で、関わりがないのですね。HCDの考え方よりも、デザイン思考のほうがデザイン部署としては根付いているというお話でしたが、HCDの規格があることや、それが改定されたことについては、デザイン部署の皆さんはご存じなのでしょうか。

Eさん　同僚に聞いたことはないですが、改定されたことはあまり知られていないと思います。上司も知っているかというと、怪しいです。前の上司は工学系の出身で、HCDの規格やその取り組みについて理解を示してくれていたと思います。

質問者　デザイナーとしては、デザイン思考のほうが肌に合うといいますか、なじみが良くて、それが根付いたというところでしょうか。

Eさん　はい。加えて、どのように言えば相手に響くかということに、注力しているのではないかと思います。そのような背景もあり、今は、デザイン思考で説明しています。

質問者　組織というものは変わりますね。

Eさん　はい。私が入社した時期も関係しているのかもしれません。それまでの当社のデザイナーは、シニアになると大学の先生になられるケースも多くて、規格や学術に強いデザイナーがいたと伺っています。

- - - - -

質問者　上司の交代と時代の変化、縦割りになっている事業体系など、複数の要因が絡んで、御社ではあまり HCD が根付かなかったこと、デザイン思考のほうが合っていることなど、とても面白かったです。ありがとうございました。

10.6 アプリケーションエンジニアのFさん
——製造業（設備機器）、従業員規模：10,000人以上

システムのUIを設計するなかで、必然的にUXとHCDに行き着いた

質問者 まずはFさんの簡単なご経歴を教えていただけますか。

Fさん 私は2005年に入社後、情報システム部門に配属され、以来継続して社内システムエンジニア（SE）として働いています。私の役割は、会社の商品を選んでもらうためのシステムの設計全般およびシステム開発をマネジメントすることです。

当社で扱っている商品は、家の建築やリフォームなどに関わります。例えば、家を建てようとするときにキッチンを決めるタイミングでは、当社のショールームに行ってイメージを膨らませたり、天板や扉の色や仕様を決めたりします。最終的にはすべてを決めて、当社が商品をつくってお届けし、工事業者が据え付けることで家が成り立っていきます。家が成り立つ前段階で、イメージや仕様、例えばどのような水栓や、シンクを使うのか、さらには色などを決めていきます。私は、当社の製品をユーザに選んでもらう際にイメージをつくりやすい、またショールーム等で提案するためのツールのシステム開発を行うアプリケーションエンジニアの役割を担っています。

最近では、コロナ禍というのもあって、その商品を選んでもらうためのシステムが大活躍するようになりました。Zoomで接続をして、ショールームのコーディネーターとキッチンなどについて相談できるようになったからです。

質問者 Fさんは、大学などでシステム設計やUIなどの分野を専攻されていたのですか。

Fさん 実は、大学の専攻とは全く関係がありません。大学では、法律を学んでいました。大学時代に、Webページを作成・運営した経験があったので、入社後に情報システム部門に配属されました。なので、システム設計などについては、入社してから勉強しました。UIやHCDという知識は、UI標準化を業務として取り組むようになって以降、どのような専門家がいるの

か、書籍や知識体系があるのかといったことを調べていくなかで、HCD の規格に出会いました。

質問者 実際に、HCD という考え方について、知ったのはいつ頃でしょうか。

F さん 2013 年頃だと思います。その頃、ちょうど UX という言葉がキーワードとして出てきたタイミングでした。Web サイトを新しくしましょうという話でも、UX が大切だと発信する Web デザイナーやコンサルタントが現れ始めた頃だと記憶しています。

質問者 UX というキーワードから、HCD に行き着いたということでしょうか。

F さん 学生のときにそういったことを学んでいた新人から、学んだ部分もあったと思います。UI だけを考えていてもだめだ、UX も考える必要がある、ということを教えてもらいました。いま考えてもその通りだったと思います。そのような意味では、UX からというよりは、UI を考えていくなかで、必然的に UX と HCD という言葉に出会ったという感じです。

質問者 実践的にそのような言葉に触れることになった後で、HCD などに関する講習会などに参加されることはありましたか。

F さん はい。最初は何から勉強すればよいのか全くわからなかったので、様々な所に参加していました。それ以外にも、デザイン人間工学が専門の先生に会社に来ていただいて、社員向けに連続して授業をしてもらったこともあります。

自身が構築していった商品を選ぶシステムについては、大学の先生にも相談して、その先生とゲーム開発・デザインの知見のある会社と一緒に進めていきました。ゲームにのめり込んでいく、ゲームを使いこなせるように覚えていくようなアプローチを入れた形で、うまくいった事例だと思っています。そのほかにも、日本科学技術連盟にソフトウェア品質管理についての UX 研究会があり、そこに若手を送り込むなど、できることはどんどんやっていきつつ、UI 標準化のチームとして学んでいきました。

質問者 勉強会や講習会で学んだ内容は、実際、仕事に役立っていると思いますか。

F さん UI の標準化のチームを立ち上げ、使いやすさを考えたシステム設計

を広めるときに役立ちました。私はいろいろなシステムにアドバイスをする立場になることがあります。良いUIにしたい、という相談を受けたときには、何を軸に置いてアドバイスをしたら良いかという点で役立っていると思います。HCDにかかわる考え方などがないと、余白が足りない、フォントがおかしい、アイコンはこれではない、というようなピンポイントのUIの指摘しかできません。

そうした細かい話ではなく、もう少し上段から、今の開発フェーズ・設計状況ならどういったツールを使うか、ユーザビリティテストを行うかというような、様々なアプローチでプロジェクトに合ったアドバイスをするための知識を得た点で、非常に役立っていると思います。

また、近年は人間中心設計を学んだ専門家やデザイン部門のメンバーから構成されるアプリ開発のサポートなどの形で、UXやUIの側面をサポートするチームがあります。中途採用のメンバーは、専門性はあるが過去の経緯はもちろんわからず、デザイン部門のメンバーはシステム開発に関わったことが無い方が多いです。そういったメンバーとUX、HCD、デザインといった領域の議論をし、過去の経緯も知ってもらったうえでアプリ・システム開発に関わってもらえるようになったので、会社に所属したままUXやHCDの領域を学んでいて本当に良かったと考えています。

合併により多様な交流が生まれ、ITとデザインが協力する体制が組まれ始めた

質問者 システムをつくっていくうえでHCDなどは意識されていたようですが、社内全体としてはいかがでしょうか。

Fさん 全くない状態からのスタートだと思っています。特にシステム分野については、そのような知識がないところからでした。製品分野については、すでに取り組んでいる方々がいて、HCD専門家の認定資格を持っている社員が設計した製品もあります。行動観察を軸に、分析を速くするために画像解析を使うなど新しい取り組みもしていて素晴らしいと思っています。

質問者 会社で扱っている製品の開発と、それを選んでいくために使うシステムの開発では状況が違うということですか。

F さん はい。製品のほうでは、ユーザの姿勢など日常での利用を考慮した設計から、ボタンやアイコンをどうするかなど、細かく考えられています。最近では、トイレのアイコンを ISO 標準にするという活動で、日本提案のものがピクトグラムとして採用されたようです。

しかし、システム開発においては、まずデザインができる人が入ってきませんでした。表計算ソフトで機能名の四角を並べたものがそのままシステム化されてしまうようなことが、当たり前の状態でした。あとは、システムができあがったタイミングで、これはユーザにとってちゃんと使いやすいのかと上長に指摘された人が相談に来るケースもあります。システムがほぼできあがった状態で相談を受けても、残念ながらあまり変更ができません。予算や期日も限られているので、最低限のユーザビリティテストとその課題を解決する改修にとどまることも結構ありました。

質問者 会社が合併する前と比べていかがですか。

F さん 合併された後のほうが、会社の変革が加速し、仕事は進みやすくなったと考えています。様々な背景の人がいるからです。製品開発の担当で HCD の認定資格を持っている人なども含めて、多様な人と話す機会がある点は非常に良いと思います。

最近では、モノとつながる IoT のアプリケーションをつくることがあって、製品のデザインセンターともつながりました。これまでは製品のデザインにしか関わっていなかった部署と、アプリの開発を一緒に進めていくという、IT とデザインが協力する体制が組まれ始めたことは、非常に良い動きだと感じています。

質問者 会社の規模が大きい場合、縦割りで部署ごとの壁が分厚くなってしまうケースも聞きます。F さんは、各部署の扱っている製品をシステムに載せていく立場なわけですが、他の部署との連携はうまくいっているイメージがありますか。

F さん 商品ごとに縦割りの体制になっていますが、これは開発から生産、営業までを一貫して効率的にまわすことが目的とされています。私の所属するデジタルの部門は、横串の組織であるため、横断的な観点からシステム開発、そしてその共通化を考えていかなければなりません。

- - - - -

システムのユーザとエンジニアとの橋渡し的な「オーナー」という存在

質問者 Fさんが開発されたシステムを使う人というのは、どのような方々になるのでしょうか。

Fさん 社内で利用するだけでなく、取引先、エンドユーザも使うシステムを開発しています。業界の商流をB to B to Cという言い方をしますが、販売店や代理店などの取引先を介して、工務店・リフォーム店などが施工を行います。そのため、商流の間に入る取引先が、工務店に対して見積もりを作るために使うツールとして、私が開発したシステムを使用することが多いです。

　ただ、当社としては指名をして欲しいです。今のプロセスでずっと進めていると指名されず、間に入っているパートナーが見積もりしたものから選ばれるので、エンドユーザから当社のこれが良い、この色が良いと選んで欲しいという思いもあって、この仕組みをつくっています。エンドユーザでも使えること、操作できることを目指してシステム開発をしています。

質問者 現状としては、まだそこまでは到達していませんか。

Fさん 商品を購入するエンドユーザが操作できるものを、いくつかホームページで用意していますが、割合としてはまだ少ないです。自分でも操作できるようには設計していますが、選ぶものが多いことや、工事にかかわる内容など、エンドユーザが選ばない仕様も決めないと家が建たないため、補助が必要なものになってしまっています。

質問者 システム開発の際には、ユーザのニーズ調査や観察調査なども行われているのですか。

Fさん 実際に調査に行くこともありますが、活動のボリュームとしてはまだ足りていないと思っています。組織が大きいという理由もありますし、使ってもらう人の間にシステムのオーナー部門が必ず入って承認をするので、システム開発者が本当のエンドユーザと関わるというより、システムのオーナー部門がユーザへのヒアリングを行います。本格的にやっていくのであれば、オーナー部門のところに観察できる方を投入するなどのアプローチ

をしていくことも選択肢だと思います。

質問者 オーナー部門というのはどういった方なのでしょうか。

Fさん 実際にシステムを操作しているユーザのこともわかって、システムのこともわかっているような、橋渡しができる存在です。

質問者 オーナー部門が集める要望というのは、どのような方々の要望でしょうか。インテリアコーディネーターでしょうか。

Fさん 実際のコーディネーターもいます。インテリアコーディネーターも所属しているショールームの管理職の意見も上がってきます。また、取引先のご要望についてもまとめています。

質問者 オーナー部門に対してユーザという言葉がありましたが、ユーザとはお客さまのことではなく、社内ユーザですか。

Fさん 社内ユーザもいますし、利用している取引先がいる場合は、販売店、代理店の利用者です。見積もりを入力するのが毎日の仕事なので、そこをいかに効率化するかということが業務改善に関わってきます。ですから、それを目指している経営層や管理職からフィードバックが来ることもあります。

質問者 オーナー部門が元締めのような形になっているのですね。そうすると、そちらに HCD の考え方が入っていかないといけませんね。

Fさん そうですね。伝わりやすい部分と伝わりにくい部分があります。使いやすくなりました、画面の遷移数が減りました、という話はすぐに通りますが、本質的な部分が良くない、というような話だと、なかなか通りません。今までどおりの操作ありきの話になるので、うまくできていないと私が特に思っているのはその点です。

　この仕組みは本質的に、そもそも入力がほとんどないように業務・商品自体がシンプルになっていればもっと早くなる、わかりやすくなるというような部分には踏み込めていません。今ある業務・複雑な商品に対していかに早くプロセスを回せるかという方向のアプローチになっています。

質問者 オーナー部門にとっては、ユーザの操作基準が変わると嫌われてしまうという心配もあるのでしょうか。

Fさん そのとおりです。極端な例ですが、古いパソコンを使い続けている

お客さまもいます。レガシーなブラウザを使い続けたいというようなご要望もカバーする必要があるシステム開発を強いられることも多いです。エンドユーザが使っているので仕方ない部分もありますが、セキュリティが悪い状態を続けるのも良くないので、エンジニアの観点としては歯がゆい部分です。

質問者 オーナー部門からFさんに対して、このようにして欲しいという要望があって、それに対処していく形でしょうか。

Fさん はい。私が担当するシステム開発は、オーナー部門が集めたユーザの要求、または会社として成し遂げたいこと、利益を上げたい部分、改善したい部分などがあって行う案件、あるいは大規模な改修です。

質問者 評価の際は、どういった人たちに評価をしてもらいますか。

Fさん ものによりますが、先ほどのシステムは現場で使ってもらったり、研修でフィードバックをもらったりしたと報告がありました。一方、社内にも見積もり担当はおり、見積もりをしてパートナーに渡すことがあります。取引先と同じことをしている社内の人を見つけて、フィードバックをもらうなどの代替手段を取っています。

質問者 社内としては、オーナー部門と営業が権限を持っていますか。

Fさん そのとおりです。

質問者 評価の結果によっては、システムをつくり直すこともあると思います。納期の都合などで、つくり直せないことはありますか。

Fさん あります。ただ、最近はアジャイルな進め方をするようにしています。これまでは大きな計画があり、そのガントチャートどおり開発する必要があるというウォーターフォールの形でした。しかしアジャイルな進め方を導入するにあたって、納期の終わりに完璧にすべてつくり上げるのではなく、ある程度UIができたタイミング、メインの機能ができたタイミングでフィードバックをもらいにいきます。オーナー部門の人に渡して、オーナー部門の人が触ってフィードバックをもらう場合もありますし、実際に使う人に近いところに見せてフィードバックをもらってくることもあります。

　リリースするかどうかは、業務全体で使えるかで判断するので、最後にまとめて行う場合もありますが、フィードバックをもらえるものができたタイ

ミングですぐに見せにいくというアプローチが、最近は導入されてきて、大きなつくり直し等が最後に見つかることは減ってきています。HCD の、フィードバックをもらって改善するという進め方と、このアジャイルな進め方はマッチしています。それまでのウォーターフォール的なやり方ではマッチさせるのが難しかったので、今のほうがマッチさせやすいと最近は思います。

質問者 インスペクション評価のようなことを、オーナー部門が行っているのでしょうか。

F さん そうです。ユーザビリティテストの専門知識が課題ですが、大きな駄目出しがないか、業務に支障がないかという観点でチェックしていると思います。ユーザビリティの専門家というよりは、その業務の専門家として見ています。

質問者 オーナー部門が力を持っているなかで、F さんの立ち位置はサポートですか。

F さん サポートもありますが、オーナー部門の方々はシステム開発や UI のエンジニアリング、プログラミングのエンジニアリングができるわけではないので、私個人としては、システムでできることの提案、アイディア出しの役割が強いと思っています。

オーナーから UI について具体的な指示が来ることはほぼありません。困っている点を相談されて、それに対してシステム設計のアイディアを出すのが私の大きな役割だと思っています。UI だけでなく、中身のデータベース設計やインフラストラクチャーの設計等も担当しています。

ウォーターフォールからアジャイルへの切り替えで、迅速な開発ができるように

質問者 先ほど、アジャイルな進め方の話がありました。そういったシステム開発の流れについて、特にオーナー部門は理解していましたか。

F さん いえ、アジャイルを進めることは、オーナー部門から始まったものではなく、どちらかというとシステム開発側から始まったもので、それを全社的に進めていこうとしています。

質問者 きっかけは何かありましたか。

F さん 新しい経営陣が、組織のさらなる成長と変革を加速していくことを目的に、アジャイルの取り組みの推進を決めました。世間的にアジャイルは徐々に広まっている状況もあり、システム開発として、早く切り替えることができたのは迅速な経営的な判断があったからだと思います。

質問者 アジャイルだとリリースに忙しく、UX や HCD のプロセスで考える時間が取れないなどの状況が起きることはありませんか。

F さん むしろ、アジャイル開発のほうが UX の考慮や HCD のアプローチに時間は取れると考えています。ウォーターフォールでやっていると、当初の計画、予算に入っていないことに取り組むことがとても難しいです。

　一方で、アジャイルではスクラムというプロセスに取り組んでいますが、スプリントという、期間を区切ってその期間の中でこのような開発をすると、期間の終わりに必ずやってきたことを見直すタイミングがあります。次のスプリントでユーザビリティに取り組むなどの判断を、プロダクトオーナーと呼ばれるアジャイルチームのリーダーが行うことができます。

　ユーザに本当に良いもの、システムを届けるために必要なことに優先順位をつけ、この使いやすさではユーザにシステム・サービスを届けることができないとなれば、一番優先順位の高いものにユーザビリティ改善が入ってきて、直近のスプリントで取り組むことができる状況になっていると思います。

質問者 1回のスプリントの期間はどの程度ですか。

F さん 当社のスクラムは1週間を標準にしています。これについては短いとも言われますが、スクラムにも様々な流派があります。私たちが勉強した流派は1週間を基準としています。大きな間違いがあっても1週間後には気付けるというのが、1週間である一番大きな理由です。進めたアクション、別のアウトプットに対してのフィードバックを1週間ごとに確認できるという早さが良いので、1週間は合っていると思います。

質問者 開発するシステムの規模によっても変わるのでしょうか。

F さん システム開発の性質によっても変わると思います。私たちは1週間を基準としていますが、やることが決まっていて、とにかくすでに決まった

プログラムを 1000 個積み上げるというような開発の場合では、もう少し長い期間を基準にしてよいと思います。

質問者 チームの編成は 4、5 人程度ですか。

F さん 4、5 人の場合もありますが、最大 9 人までのチームで構成しています。

質問者 その中にはインタラクションデザイナーも入っていますか。

F さん 1 チームにいるのではなく、スポットで助けてもらうような役割でいます。インタラクションのデザインまでできる人は、社内ではまだ少ないです。重点プロジェクトにはもう少し深く入っています。本当のエンドユーザに使ってもらう、機器を操作するアプリケーションなどにはかなり深く入っています。

質問者 HCD の規格では、多様な職種の人をチームに入れましょう、とありますが、そういった多様性についてはいかがですか。

F さん 大事だと思っています。システム部門のほとんどが SE で、人間工学を学んだ人はシステム部門にいますが少数です。ユーザビリティも、専門家と呼べる人はいないに等しいと思います。

一方、多様なところを私がカバーしている部分があると思っています。規格に関わったり、UI の標準化に取り組んだりもしたので、私自身はアプリケーションエンジニアと名乗っていますが、SE の中でも HCD に関わる発言をすることは多いと思います。

理想を言うと、私はいろいろな方に関わってもらうことが好きです。多様な観点が考慮された議論ができるからです。それは難しくても、一人一人が様々な分野を学び、多様な分野の観点を考慮した開発、議論の進め方ができると良いと思います。

質問者 ユーザやその代弁者に入ってもらうことも大事ですが、開発チームにオーナー部門が入ることはありますか。

F さん 今のところはありません。プロダクトオーナーとしての立場で入ることはあります。オーナー部門にも開発のスプリントの中に入ってもらうのは良いアイディアだと、インタビューを受けていて気づきました。オーナー部門の方は業務を知っているため、スプリントの中でアイディアが生まれる

かもしれないからです。社内に持ち掛けてみたいです。

HCD の規格の内容をシステムの UI に落とし込むためのガイドラインを作成

質問者　HCD の考え方が規格化されていることに、意味はあると考えていますか。

F さん　当社は比較的大きな会社で、メーカーだということもあって、ISO や JIS で規定されているという説明があると、社内では非常に説明しやすいです。プロダクトアウトや、作り手中心にものをつくり上げてしまうことは結構多いと思いますが、HCD はそういったものの対義だと思っています。HCD の考え方がないと、たぶん、使う人中心に立ち返ることは難しかったと思います。そのような意味で、HCD というコンセプトが規格として世に出ていることはありがたいことだと思っています。

　一方で、規格そのものをすべて読んでもらうのはハードルが高いです。社内で我々の業務に当てはめて、やり方をガイドラインとして出しています。一度かみ砕いて、当社としてはこうしたいという資料に仕立てて、ガイドラインとして提供しています。

質問者　HCD の規格の中で、HCD の活動の関係図がありますが、実際の仕事にうまく適合していますか。

F さん　フィードバックをもらって改善していくというコンセプトを説明する部分には、特に役立っていると思います。それがないと、大きな会社や行政は、予算取りを行い、発注し、発注したものを受け入れるだけで済ませようとしてしまう傾向があります。また、会社が大きかったり縦割りだったり、上意下達が強過ぎたりする部分もあります。それに対して、フィードバックをもらって改善していくというコンセプトが示されていることは、大きいと思っています。

質問者　HCD の規格は、ISO 13407 から ISO 9241-210 になって、それがさらに改定されました。およそ 10 年おきの改定ペースですが、頻度に関してはどのように考えていますか。

F さん　私は、変更が多いことが困るというより、陳腐化していないことの

ほうが大事だと思います。一方、世間の動向に振り回されて迎合するのもよくないので、軸はぶれずにいてほしいと思います。

質問者 実際に改定が行われて、定義が結構変わったりもしました。それは業務に影響はありましたか。

Fさん 特にありませんでした。大枠は変わっていないので。言葉のわかりやすさ等の改善が定期的に回され、世間の動向に対する考え方が徐々に加わっていくことは、私は良いことだと思っています。

　別のガイドラインの例ですが、今年、スクラムガイドラインが更新され、言葉の定義が変わっていました。自己組織化が自己管理という言葉などが変わっていたのですが、本質的な部分を伝えやすくするという目的のためで、改定はガイドの考えを学びなおす良い機会になったと考えています。同様に、HCD規格の改定も学びなおす良い機会になると考えています。

質問者 ISO 9241-210の2019年版の中にもありましたが、UXとユーザビリティが混同されて使われてしまっている問題については、社内ではどのように扱われていますか。

Fさん HCDを学んだメンバーの中では、UXとユーザビリティが違うものだときちんと理解されています。一方、特にUIとUXという言葉は、外部からの提案やセミナー、Webデザイナーのフォーラムなどでも混同しているのを目にしますし、言葉の定義に無頓着だと思う部分はありますね。

　これは雑談になるかもしれませんが、最近UXエンジニアの方が講師をされているWebセミナーを受講しました。その方はUXをエンジニアリングしているのではなく、UXのこともわかるエンジニアでした。両方の領域を理解してつなぐ人は大切で、そこを大切にして仕事をしている人だという意味で、私は良いエンジニアの方だと思って話を聞きました。先ほど、多様な職種の方をチームにという話がありましたが、多様な方が領域を超えて協力することが大事だと思います。その橋渡しができる人、領域を超えている人も同様に大事です。

質問者 規格について、こうしてもらえれば広まりやすい、社内に浸透しやすいのにと思うことはありますか。

Fさん 私自身のこれまでの立場で、アドバイスを求められたときにどのよ

うなことを求められたかを振り返ると、やはり UI への適応です。どうすれば良い UI になるのか、というところを求められることが多いです。ただ、それが規格化されることは、あまりよくないと思っています。そのように細かい規格をつくっても、その通りにつくればよいと解釈され、ユーザの利用状況やフィードバックにあわせた改善が行われなくなってしまっては、意味がありません。

　システム開発のプログラマーや、システムをつくる、発注をするオーナー部門からは、このようなガイドラインを使って、規格が良いから良いものになる、このとおりにつくれば間違いないという期待が多いと感じています。その期待に応えられていない点は悩みかと思います。

質問者　規格では概念を定義し、考え方を規定していますが、より具体的なものというと、特定の UI のガイドラインなどの形で、また別のものになっていますね。

F さん　HCD を独立で説明してもピンと来ません。自分のサービスに取り組むときに、ここにこのようなマインド、アプローチを持ってくるとよいといったマインドの持ち方、具体的な進め方をガイドしていくと、もう少し具体的になるかと思います。

　それぞれの開発者やサービスに携わっている人は、そのサービスにフォーカスして仕事をします。それぞれのドメインの事情は多いと思いますが、そのドメインになったときに、HCD の要素をどの程度取り入れたり、どのようなマインドの方を入れて取り組んだりするのかを、ガイドできるとよいと思います。

質問者　HCD という言葉が理解されにくい、または UCD と言ったほうが理解されやすいということでしょうか。

F さん　UCD と HCD の言葉の違いに差はないと思います。HCD を中心にすべてを説明されても、自分のドメインの具体的なところにならないから響かないのだと思っています。では自分はどうすればいいのか、本質的にはなぜこれが必要なのかを理解して進めることが必要ですが、世の中でビジネス活動をしている方は、Why を理解して行動することよりも、How を求めているように感じます。

質問者　今、目の前にある自分の仕事をどうすればいいのか、答えを求めてしまうと。

Fさん　そうです。ですからここは悩ましいところです。Whyを共有して、良いシステム・サービスを提供していきたいですし、そのためにもHCDのコンセプトは、私は非常に大切なもの、失ってはいけないものだと思っています。

質問者　社内システムの開発の特殊な状況のなかでは、特にキーになりそうなオーナーたちに、HCDのコンセプトをいかに理解してもらうかということが重要になりそうですね。貴重なお話をどうもありがとうございました。

11

サービス分野

11.1 UX デザイナーの G さん
―― Web サービス、従業員規模：10,000 人以上

UX から HCD やその規格について知る

質問者　勤務先の業種はカテゴリーとしては何になりますか。

G さん　Web サービスです。当社は複数の事業を持つ企業であり、単一の事業戦略とは別に事業全体の UX 戦略が必要となっており、私はその部分を担当しています。業務としてデザインにも関わっていますが、前段となる戦略検討を多く担当しています。

質問者　まずは、HCD という考え方について、どのくらいの時期からそういった考え方があると把握されましたか。

G さん　私はもともと 10 年くらい前、Web デザイナーとして一般的なホームページをつくる業務をしていました。最初は HCD のことは知らなくて、UX というものが流行ってきたようだなというくらいのミーハーな状態で、UX を知るには何を勉強すればいいかもわからず、いろいろなセミナーに参加していました。当時だと、まだ UX を専門に扱っているセミナーはそれほど多くなく、UX 的なものを学ぶのに良さそうだと思い、HCD-Net という団体主催のセミナー等に行き始めました。そのなかで HCD の考え方も紹介していただきました。したがって 10 年くらい前からという感じですね。

質問者　参加された HCD-Net のセミナーは、具体的にはどのような内容だっ

たのでしょうか。規格の話も出てきましたか。

Gさん　最初に行ったものは普通に概論のような、考え方全体の説明会のような感じだったと思います。HCD プロセスのセミナーというよりは、UX を学び、実践していくうえでこのようなことを知っておこう、という初心者向けのセミナーだったと思います。そのセミナーは、実は HCD というものがあります、という種明かしのような感じでした。記憶が少しあいまいなので、具体的な内容の詳細は思い出せませんが、規格の話も出てきたと思います。

　その話を聞いたときは衝撃的でした。当時の HCD-Net 以外のイベントは、スピーカーが「私たちはこう思っています、実践しています」というような主観的な話が多かったのですが、国際標準規格として世界的に統一されたものが整理されていると言及するものは、少なくとも私が参加するようなセミナーにはありませんでした。HCD は ISO として規定されていて、しっかりやっている、と感じたのは今でも覚えています。

質問者　およそ 10 年前ということなので、おそらく ISO 13407 が ISO 9241-210 として 2010 年に改定され、その宣伝も兼ねて HCD の規格に関するセミナーが多く開催されていた頃だと推察します。その後、実は ISO 9241-210 が、2019 年に改定されて、2021 年 3 月にはその JIS 版も発行されたのですが、ご存じでしょうか。

Gさん　JIS のほうは知りませんでしたが、ISO のほうは知っていました。改定について詳細に追いかけていたわけではなく、イベントや Web 上の記事等でシェアされたものを読んで、把握しているくらいです。

規格は共通の土台になるが、現場では完全に準拠する必要性があまり感じられていない

質問者　HCD という考え方に、こういった ISO や JIS などの規格は必要だと感じていますか。

Gさん　はい、規格は必要だと思っています。先ほども話したように、ただの概念で終わっているものは世の中にとても多いと思います。それがしっかりと形として定義されていることが重要だと思っています。規格化されてい

るものがあることで、共通認識としての土台となりえます。例えば、違う業界の方と話すときも、具体的な側面は違いますが、根本にある土台の部分はしっかりと担保されているので、話があまり逸脱しません。場合によっては、そこでお互いに活用の仕方を共有できることもあると思っています。規格がないと、いろいろな流派が出てきて、面倒なことになりそうな気がしますね。あとは、今から学ぶ人に対する教育という面でも、私たちが話すときのよりどころとして、根拠のある対応ができます。学習する側も、話者が勝手に言っているのではないとわかると、安心して学習できると思います。そのような意味でも規格化はとても重要であると思います。

質問者 規格の内容を知ることは、実際の業務に共通の土台や共通の言葉となるような形で、ある程度の役には立っているようにみえますが、実際の業務ではどのような形で役に立っていますか。

Gさん HCDという考え方自体が、もちろん業務の中でとても役立っています。しかし規格は、私の業務の中ではそこまで詳細に取り出して使う機会がありません。基本的な人間中心という考え方やプロセスの大まかな流れを用いたうえで、例えば他のフレームと組み合わせることもあります。規格として記述された内容のままプロセスを扱うというのはあまり柔軟性がないというか、そのまま適用できる場合もあれば、できない場合もあります。プロジェクトや事業の状態に合わせて、突然、プロセスの一部を省かなければいけないこともあると思います。

その視点から考えると、規格を知っていることはもちろん大切ですが、いかに規格に準じるかということ自体は現場ではあまり意味がありません。成果を出すために、いかに必要なエッセンスを取り出して、今できることをするかという話になってくると思います。規格は手段の手順であり、目的にはならないと現場では考えています。

質問者 業務の内容によっては準拠しにくい部分もあるということですね。そうすると、HCDという規格自体あるいは人間中心設計の考え方は、社内でどの程度、浸透していますか。

Gさん 当社はビジネス色が強い会社です。いかに数字を取るか、前年度からの売り上げ増加をいかに担保するか、という話がメインになることが多い

なかで、HCD の考え方が大切なのもわかるけど……、という話になりがちです。極端なことをいうと、儲けを出す役割の方がメインでイニシアチブを取りがちです。なので、HCD プロセスを軸にしてプロジェクトを進めましょう、とはなかなかならないのですが、メインのイニシアチブをより効率化させるためのエッセンスとして、HCD の要素を注入していく形をとることは多いと思います。柱となるビジネスのフレームワークの中、もしくはプロジェクトマネジメントフローの中に、HCD の考え方や手法を混ぜ込んでいく感覚で、社員はそのようなことをゲリラ的にしていると思います。

質問者　HCD の教育について御社の中では何かされていますか。

Gさん　先ほど話したように、当社は様々な事業が集合しており、それぞれの状況や事情があります。HCD を最も推進しているであろう事業メンバーがいることは知っていますが、それ以外の部署にいる人や、私のように開発ではなくて、どちらかというとビジネスや事業企画寄りの人のところにまでは広がってきていないように感じています。おそらく会社の規模的にも、こういった教育をボトムアップに一撃で広げていくことは難しいのかもしれません。トップダウンで社長が HCD だと言えば、全社落ちで皆が HCD に取り組むことになりそうですが、そこは大きい会社ならではの政治的な難しさが少しある気もしています。

質問者　社内風土的には HCD の考え方は把握されているものの、全面的にそれを導入する形にはなっていないということですか。

Gさん　そうだと思いますが、こういった考え方自体は、全く否定はされていません。必要なときに一つの設計アプローチとして用いられる、もしくは施策全体としては求められてはいないけれど、現場で HCD の要素を入れておきたいという人たちが施策に埋め込むような形ではないかと思っています。こういった場合、関連するメンバーは HCD プロセスをしている意識はなくて、いつもの方法の中に、今回はユーザについて対応が少し挟まるんだ、くらいの気持ちでいると思います。

質問者　デザイン思考というものも流行りましたが、HCD とデザイン思考の関係性はどのように位置づけていますか。

Gさん　当社としてどのように位置づけているかについての明確な見解は、

おそらくありませんが、私や私の周りでは、デザイン思考は、HCDとは明らかに別のレイヤーとして扱っています。デザイン思考とは、非デザイン領域においてデザイナーの思考方法を活用する「考え方」であり、そこに紐づいた細かいテクニックやプロセスがあります。

　一方でHCDは企画や制作のフェーズにおいてユーザ利用という観点で調査や評価を行う「プロセス」だと認識しています。この場合、デザイン領域、非デザイン領域は問いません。両者には同じような行動観察や共感といった共通要素があるものの、考え方と実プロセスという異なるレイヤー感があります。HCDはプロセスなので、プロジェクトマネジメントのようなところに入れやすいですし、デザイン思考はその前提となる心構えとして扱います。

　施策遂行レベルで、今回はHCDプロセスを入れてみましょうか、という話はあると思いますが、デザイン思考を入れてみましょう、とはならないのではないでしょうか。説明しにくいですが、デザイン思考はどのように施策を回すのかではなくて、マインド教育に近いのではないかと思います。

質問者　実はHCDに関係する規格として1999年にISO 13407がつくられ、以降、2010年にISO 9241-210として改定され、その後2019年にもう一回改定されたという経緯をたどっています。10年置きに改定されている状態ですが、この頻度についてはどのように感じますか。

Gさん　あらためてお話をうかがって、10年に1回程度なのかと整理がつきますが、いつの間にか変わっていて、いつの間にか改定されていたという印象です。規格改定によって自分の実務や周辺領域のありかたが変わっていくと、皆さんは肌感として「新しい規格になったのか、新しい規格になってこんな変化があったのか」と感じると思いますが、過去に何回か変わってきたなかで、私自身の業務には大きな影響はなかった気がします。

　そういった意味だと、改定が毎年なのか、10年に1回なのかという時間的なものというよりは、改定により何が変わるのか、事象に対してどのようなインパクトを与えるのか、というところがベースでなければ、実務レベルでは興味がないのかもしれません。改定されたことによって自分たちの武器が増えたり、今までにできなかったことが推進できるようになったりする

と、改定を意識すると思います。10 年に 1 回変わったと言われても、基本的な部分が変わっていないと、改定されてもされなくても、あまり変わらない感じになってしまうかもしれません。

質問者 もう少しこのように内容を変えてほしい、こうしておいてもらえると業務の中で使いやすいということはありますか。

Gさん 先ほどの話にあったように、すでに HCD を理解して使っている人間にとっては改定のインパクトが薄いので、規格の根本さえ変わらなければ、こうしてほしいという要望もあまりない気がしています。一方で、UX という概念が規格に明記されることによって、UX と HCD をつなげられていなかった人たちが、新しく HCD に触れるようになったという経緯も過去にはあったかと思います。改定によって HCD のタッチポイントが増えるようになるのであれば、すでに HCD を実践している人よりは、これから HCD に出会う人の広がりに影響を与えるものなのかもしれませんね。

質問者 規格の改定は話題づくりの一環にはなりそうですか。

Gさん そうですね。しっかり HCD を理解していなければ、自身の業務と関連していることに気づけない人も多くいると思います。自分に関係ないと思っていた人たちにも、HCD が実は自分にも関係があることがわかって、その規格は自分も知っておかなければいけないものだと認識されるようになれば、改定はさらに意味のあるものになるのかもしれません。

規格としてまとめられていることが、一種のお墨付き

質問者 「人間中心設計」という言い方は、Human Centered Design という英語の訳として、JIS 規格の原案を作成する委員会で、シンプルに「人間中心設計」でいいだろうと思って名付けてしまいました。デザイン思考の分野の方は「人間中心デザイン」という訳を使っています。ISO なり JIS の規格で HCD が規定されていない、つまり規格がなかったとすると、仕事に何か変化が起きたと思いますか。あるいは逆にこういうことが起きなかっただろうというようなことはありますか。

Gさん HCD という考えそのものがなかった場合ですか。かなり状況は変

わっていたと思います。私もそうですが、HCD のような考えがあったから
こそ、クリエイティブ領域の人間がマーケティングやビジネスの領域の専門
職の方と、よりコラボレーションをしやすくなりました。場合によっては、
こちら側がイニシアチブを取ることができるようになっていると思っていま
す。例えば、ユーザビリティの話だけでは、どこまでいっても事業戦略まで
たどり着くことができず、いかにプロダクトを良くするのかという話に閉じ
てしまうと思います。

　利用者だけではなくて、もう少し広い意味でのカスタマーやコンシューマ
の取り扱いがしやすいので、私は「ユーザ中心設計」という言葉よりも「人
間中心設計」という言葉が好きなのですが、ターゲットとなる対象はどうあ
るべきかということや、使い終わった後のアフターをどうすべきかという広
い議論、検討をする場合にも HCD が思考のバックグラウンドとして使えて
います。マーケターはマーケティングのバックグラウンドがあり、数字管理
する経営レイヤーの方はビジネスのバックグラウンドがあります。おそらく
HCD がないと、クリエイティブ畑の人がそのような専門職の方々と肩を並
べて議論するところにまでなかなかたどり着けなかったのではないか、と個
人的に思っています。

質問者　それは面白い指摘ですね。逆にいうと、クリエイティブ畑の方々の
中心になっている概念というか、理念について何か言葉になっているものは
ありますか。

Gさん　おそらく「顧客を見よう」とか「顧客から学ぼう」という姿勢を
持っているのは、特に HCD から入って活動しているクリエイティブ畑の人
に多い気がします。事業は営利活動であり、そのために売り上げを立てるこ
とが主目的ですが、それに寄与しうる、もしくは直接的に寄与せずとも事業
活動に貢献できるアプローチの一つとして HCD があります。数字ベースで
施策を検討することが多いなかで、同じような説得力を持ってユーザからの
情報を取り出し、意思決定の根拠にすることができるようになりました。業
界にもよりますが、デザイナーはすでに方向性が決まったものをつくること
が多いなか、より上流工程で自身の専門性が発揮できるようになってきてい
る気がします。

質問者 なるほど。クリエイティブ畑の人たちが、顧客に学ぼうという姿勢を持っていたのに対して、非クリエイティブの方々はどうだったのでしょうか。

Gさん 私は立場的には、もともとはクリエイティブ側にいました。クリエイティブ側からビジネスに近い部署に来たので、実際にHCDの考えを持ちこんだ側の立場です。そのような立場では、どう返答すればいいのでしょうか。非クリエイティブ側の、HCDのような概念のワードが何かあったのかという話でしたら、おそらくあったと思います。数字を追求するという意味では、もともとビジネスとマーケティングの領域は近い気がしています。そういった領域のテクニックはすでに皆が活用していました。しかし、それがものづくりとリンクした方法論は今まで無かったのではないかと思います。

　おそらく皆さん、HCDのような考え方は大切だろうと薄々思ってはいたけれど、そこにしっくりくるプロセスがなかったので、どうしたらいいかわからなかったのではないでしょうか。現場で試行錯誤されていたと思いますが、なかなか広がらない中でHCDのプロセスが規格化されて、これは優秀なものであるというお墨付きとなり、それほど良いのであれば実践してみようとか、しっかりとやれば数字につながるだろうといったことが積み重なっているのではないかと思います。

質問者 ということは、ISOやJIS規格としてまとめられていることは、一種のお墨付き的な役割なんですね。

Gさん そうですね。規格を、お墨付きとして使っている人は、私の周りではとても多かったと思います。内部の人間が言っても聞いてもらえませんが、全く同じ話でも外部の人が言うとすんなり聞いてもらえることがあります。それの一形態だと思っています。競合企業がしているという話があれば、なぜ私たちがしていないのかという反応もあります。単純にHCDを導入しましょうと言っても、それは本当に意味があるのかという反応になりますが、これは業界で規格化されたものと言うと、それはしっかりとしなければいけないという話になりやすいです。これが意味のある意思決定として本質的な話かどうかは怪しいのですが、実際はそういう流れで動いていると思います。

- - - - -

質問者　お墨付きという意味では、先ほども話に出たデザイン思考にも、有名な5段階のプロセスモデルがありますが、あれもお墨付きになりますか。

Gさん　デザイン思考もJISやISOのように規格として定まれば、お墨付きになる気がしますが、そこはとても感覚的というか、感情的な気がしています。お墨付きについて、誰がそれを権威化しているかというところが大切で、異なる領域にも影響力を発揮しようとすると、しっかりと規格自体がブランディングされていること、価値を伴って認知されることが必要だと思います。その業界で偉い人が言ったとしても、その業界外の人にとって必ずしも権威にはなるとは限りません。例えば「アメリカのデザイン会社が言っています」と伝えただけでは通じないところもあります。誰々があのように言っているという説明が、ピンとくるところであれば、それが権威でお墨付きになり得るのかもしれません。例えば、そのお墨付きが有名な投資家によるものであれば、ビジネス領域界隈の人には刺さるかもしれませんが、それこそいかに訴えるかというテクニックになり、本質的な意味とはかけ離れてしまいます。

HCDの4つの活動の実際は、プロジェクトによって多様で、ユーザ調査をやり直すケースも

質問者　HCDの考え方の中には、いくつかの要素が入っています。HCDの規格の中にも4つの活動の関連性を示した図がありますが、これをグルグルと回す、とだけ言っている人もいます。あのモデル自体はいかがでしょう。業務の内容と合っていますか。

Gさん　合っていると思います。あのような考え方自体は、今のアジャイル的な開発や事業設計のイテレーティブな考え方に、とてもはまりやすいです。とはいえ、プロセスの中で、今回はどう考えてもプロセスの一部を省かざるを得ないという場合のように、欠けた状態で回すことも当然多々あるかと思います。プロセスに準拠できない状態に不安を持っている人もいれば、足りないながらもとにかくやろうとプロセスを回している人もいます。

質問者　ということは、4つの段階に従うことは安心感を得るための一つのよりどころになるということでもありますか。

Gさん　規格という「型」が守破離の「守」として作用していて、きちんと理解して基礎ができている人は「破」や「離」にいけるような流れです。そのときも守破離の「守」の軸がないとどうしようもないし、そのようなときに皆さんはHCDをお守りのような感じに思っているのではないかと思います。

質問者　その活動の中で最初の段階についてです。ユーザ調査などでユーザについて理解をするところがありますが、これは実際のお仕事の中で、大抵はしっかりと実施されているのでしょうか。

Gさん　これも段階があると思います。本当にエンドユーザの中からターゲットユーザとなる人を呼んでくるパターンと、社内などの近しい人でぴったりではないが、比較的に属性としては正しいような人たちを呼ぶパターン、グループインタビューなどに混ぜてしまうパターン、本当に何もできない場合はデスクトップリサーチのような形で、SNS調査等で代用してしまうパターンなど、プロジェクトや施策の様々な状況にあわせてグラデーションがあると思います。時間とお金のかけ方次第で分かれる感じです。

　そのほか、すでに走りだしているサービスで、他社サービスの分解をしてリバース・エンジニアリングをする場合には、このサービスにはどのような顧客がいるだろうかと推測して、既存のプロダクトから逆算したり、他の情報を組み合わせてユーザ状況を組み立てたりするということも時々しています。これはHCDプロセスには準拠していない進め方ではありますが、調査が直ぐにできない場合などでは、最初は仮説であっても立てておかないとプロセスが回しにくいので、いったんは仮説として立てておくこともあります。

質問者　4番目に評価の活動があります。プロダクトでいうと、一般的にはユーザビリティ評価が多いと思います。そのあたりはサービスではいかがですか。

Gさん　評価については、前職だとそこそこしか行っていませんでしたが、今の私の部署ではかなり行うようにしています。というのも、小さい規模のサービスであれば少しだけ出して様子を見て、結果が悪ければ取りやめても問題ないかと思いますが、影響力が大きいサービスを用いる場合には、慎重

さが求められます。しっかりと効果の担保と損失が出ないことの確証を添えなければ、なかなかローンチできないパターンが多いです。という意味で、私の部署ではローンチ前の最後の確認をする部分として、評価をしっかり行っています。もちろんローンチ後のデータも計測しています。

質問者 評価の結果によってはローンチせずに、また設計をし直すこともありますか。あるいは、要求仕様をつくり直すようなことまでさかのぼってしまうことはありますか。

Gさん はい。それはとても多いです。後者も結構ありますね。私たちの会社というか、私がいる部署の特色だと思いますが、例えば開発側の立場で見ると、評価結果が悪かったとしても大元の企画設計までは戻せない場合がとても多いです。「君たちはこれをつくってください」という要求をされる流れなので、それを戻すことは信頼関係もしくは力関係のようなものが相当ないとできないと思います。私のいる部署では、企画と開発を一体化に近い形で行っています。しかも、このプロセスは戦略側が主導で回しているので、開発側から戻ってきても戦略に戻しやすい流れにはなっています。

質問者 企画をつくり変えてしまうこともあるのでしょうか。

Gさん ありますね。とても頑張って半年や1年くらい時間をかけた企画でも、大きく変わってしまったり、お蔵入りになったりしたものも結構あります。状況変化を踏まえて、再検討フェーズに戻し、またユーザ調査をし直すこともありますが、まるっきり変わってしまうともったいないので、以前のプロセスからのインサイトはできるだけ次のプロセスに持ち込めるようにしています。評価から何を得ることができたかというインサイト集めは、非常に気を遣って行っています。

質問者 そうすると、前の段階に戻ることが発生しますが、全体の納期との関係はどうでしょうか。納期がせまっているので、伸ばすことができない、なんてことはありますか。

Gさん それもありますが、納期自体を変えることもあります。これも私たちがインハウスの部署で、しかも比較的に上流の部分をおさえた部署なので、できることかもしれません。自分たちで企画をつくって、自分たちで開発し、自分たちでローンチしているという独立部署ならではです。社長から

- - - - -

のトップダウンでの指示や公開時期に大きな意味がある施策などは厳格な期限で対応しなければいけませんが、自分たちで一からビジネスメカニズムをつくって行っているものに関しては、それが効果を発揮できないと評価されたのであればローンチしても仕方がありません、という判断で落とします。ものによりますが、納期に関しては柔軟に取り組んでいます。大玉の施策については納期よりもインパクトで、小玉の施策については納期の中でいかにどこまでブラッシュアップできるか、という観点が重要になります。

より広く利用状況を捉えられると、多様な分野の人たちとのコラボレーションがしやすくなる

質問者 　規格の中には、多様な分野の人たちとのコラボレーションが必要だと書かれています。人間工学の専門家、ソフトウェア関係者、デザイナーなど様々です。このあたりとのコラボレーションはいかがですか。

Gさん 　これについては、私のいる部署がコラボレーションしやすい組織であると言えます。儲かるかどうか、利用品質はいいか、開発に適しているか、などの多面的な評価ができる専門家によって構成されています。会議では毎回、それぞれの領域のメンバーが横並びで検討します。そういったなかで、例えばHCDを軸にした進め方を提案したときには、本当に儲かる結果となるのかを議論したり、実際の開発や運用は可能かどうかをチェックしたりしています。ただデメリットとして、全体的な視点でのフィードバックが飛び交うので結論がまとまらなかったり、鋭さのないものになったりすることもあります。HCDだけではなく、プロセスを回すときには、本来の目的は何であるかをメンバー間で了解しておくことが大切だと思います。

質問者 　そのように、実際に仕事をされるなかで、ここが足りない、このあたりはもう少し規格に上げてほしいと感じることは出てきますか。

Gさん 　もしかすると、ニュアンスとしてすでに入っているかもしれませんが、より広い利用状況を捉えることができるような規格があれば、使えるシーンが増えるだろうとは思っています。もしかしたら現在多くの人は、HCDを、プロダクトを使っている瞬間というか、プロダクト利用についての文脈で活用していることが多いのではと思います。UXで言う、一時的

UX に近いと思います。

　そういったフェーズとは別に、プロモーションやブランディングを考える際に、プロダクトと人はどういう関係であるべきだろうというような議論も私たちはすることが多いです。プロダクトに触れている瞬間は当然として、プロダクト認知の瞬間やトータルとしてのブランド評価など、そうしたところまで HCD が使える、使ってもいいとなると HCD の可能性がぐっと広がっていく気がします。先ほどの他分野コラボレーションの話でも、そこが見えるとコラボレーションがよりしやすくなると思います。

質問者　G さんが「プロダクト」と言われるのは「サービスプロダクト」の意味合いも含めていますか。

Gさん　私がイメージしているのは、何らかのインタフェースを持つものだと思っています。デジタルであろうがアナログであろうが、何らかのインタフェースを持つものです。

質問者　実は HCD の ISO 規格が 2019 年に改定された際に、UX の定義が変更されています。ユーザの経験は何か人工物を利用しているときだけではなくて、利用前や利用後にもいろいろな経験をしているという観点で UX の定義が若干改定されました。でも、まだそこが浸透していないという感じでしょうか。

Gさん　浸透についてはそうかもしれません。もしくは、私自身が昔に学んだ規格をアップデートできていないだけかもしれません。改定後に学んだ人は、もしかすると最新の考え方をしっかりと活用できているのかもしれませんね。

質問者　タッチポイントに関してはサービスも含まれると思いますが、規格のなかでは、もともと製品に関する規格だったものを広げた経緯があるものの、サービスについてはほとんど触れていません。サービスの設計活動や進め方、そのあたりはどうですか。プロダクトと as is という感じで理解して受け止めていますか。

Gさん　どのようなレベルのサービスかにもよるかと思います。HCD を実践している方は、製品だけでなく、例えば小売業で何か物を売る店の改善にも HCD が使えるだろうと思っているのではないかと思います。インタフェー

スとしては機器のように具体的なものではなくても、サービスのように人の
インタフェースとして抽象的なものでも、HCD のプロセスが使えると皆が
理解している気はしています。

質問者 HCD について、規格と同じように正確に理解することよりは、一つ
の理念がお墨付きとしてそこにある、という意義が大きいと捉えていいで
しょうか。

Gさん はい。私はそう感じています。とても価値のある理念や哲学のよう
なものがお墨付きを得て活用しやすくなっていると思います。実務レベルで
いうと表面上で規格とされている文章は時代に合わせて変わっても問題ない
と思いますが、変わらない土台の部分の理念が、お墨付きとしてあることが
使いやすいというか。自分の中でずっと長年活用できている理由の一つだと
思います。

質問者 規格の意義としては、お墨付き的なところや共通の土台を提供して
いるところにあるというのがよくわかって、とても参考になりました。あり
がとうございました。

11.2 デザインリサーチ担当のHさん
―― Webサービス、従業員規模：10,000人以上

UXデザインからHCDを学ぶ

質問者 事前にいただいた情報では、インターネットサービス事業会社にお勤めということですが、これはWebサービスという形で表現してもよろしいですか。

Hさん 大丈夫です。メインはWebサービス事業です。デザイン部門で、サービスの立ち上げやUI設計をしているプロダクトデザイナーを束ねる役割をしています。私自身はリサーチャーとして、UXデザインのフェーズで仕事をすることが多いです。

質問者 設計される対象領域は、どのあたりになるのでしょうか。

Hさん Webサービスの開発から運営全般まで、関わる工程は多岐にわたりますが、主に、インフォメーションアーキテクチャと連動するコミュニケーション設計の領域です。それを「プロダクトデザイン」と称するケースが増えてきています。

質問者 なるほど。今の会社に入られてからは、どのくらいなのでしょうか。

Hさん 4年経ちました。前職でも、インターネット関連のサービスの会社でデザイナーをしていました。HCDについては、初歩的なことを学んでいますが、専門性は高くないと思っています。ユーザ中心の考えを取り入れながらサービスをつくっていきたい思いがあり、今の会社に入りました。入社当時は、UXデザインを専門に行うセクションに在籍しましたが、組織変更によりその後は事業専属のデザイナーとして仕事をしていました。2年前からは現職となる複数事業を横断してデザインを担当する部門でリーダーを担当しています。

質問者 今の会社に入られる前は、どういった職種でしたか。

Hさん Webデザイナーです。

質問者 そうすると、大学を卒業されてからずっとWebデザイナーとして働いてきたということでしょうか。

- - - - -

Hさん 事務職からキャリアが始まりましたが、Web 関連の仕事への興味があって Web デザイナーへ転職しました。Web のデザインをするなかで、UI デザインや UX デザイン、HCD の概念に触れ、大学院で学んだ事を WEB サービスやアプリ開発業務で実践することを目指してきました。

　日々、同僚と学びを共有しつつ、より良いサービス開発をしようとするなかで、特にユーザビリティ評価は、HCD のアプローチを開発現場に導入する際に、活用しやすいと実感しています。

質問者 HCD という概念を知ったのは、おそらく Web デザインの勉強をしていた時期かと思いますが、それはだいたい何年ぐらいのことでしたか。

Hさん 2008 年あたりで、「UX デザイン」というキーワードに出会ったことが入り口でした。UX デザインを学ぶ過程で、HCD という形で実践プロセスが定義されていることを知りました。

　当時は Twitter が情報源で、同じように学んでいる人のツイートから大学院の履修内容を知って入学し、2011 年に修了しました。社内では研修を推進し、HCD プロセスの中でも、特に開発現場で使いやすいエッセンスを中心に広めることで、多くのデザイナーやエンジニアがサービスづくりに活用できることを目指しました。

質問者 現在、HCD という考え方自体についてはどのように捉えていますか。

Hさん とても難しいというのが率直な感想です。しかし、HCD のプロセスはサービスそのものだけでなく、活用している組織を強くするという手応えもあります。常に最適解を模索しながら、取り組んでいるのが実態です。

　HCD はプロセスが定義されており、実践に関する研究も盛んです。学術的説明があまりできない私ですが、HCD はユーザ中心に考えていく開発に、より多くの人に参画してもらうために活用できるアプローチだと思います。

質問者 例えば HCD 以外にも、デザイン思考というものがありますが、デザイン思考と HCD との関係はどのように捉えていますか。

Hさん デザイン思考は、発散と収束に重きを置いており、組織活動そのものではないと思っています。HCD は組織での活用に重きを置いているというのが、個人的な見解です。

- - - - -

既存のサービスでは、HCD プロセスの最後の段階が先頭になって開発が進む

質問者　御社の中では、HCD はどんな形で導入されていますか。

Hさん　HCD を全社導入するのではなく、社内での事例を積み重ねることで、「ユーザ中心」の文脈で啓蒙しています。HCD を組織導入するには、大きな労力が必要で、サービス開発の速度にマッチしないことが多いという背景があります。

　　最近は相談も増えており、所属組織のメンバーと分担して応えていますが、HCD の専門家ではありません。個々の相談に合わせ、HCD のエッセンスを抽出したプロセスを提案し、導入するアプローチをとっています。

質問者　HCD のプロセスの中では、どのあたりに力を入れていますか。

Hさん　初期開発時に、しっかりとしたプロセス導入を行えている事例は、まだ多くありません。インターネットサービスの開発が中心ですので、そこで得られるアクセスログを使用した行動分析から、仮説や改善策をつくり、反復サイクルを回すあたりに力をいれています。

質問者　既存のサービスに対して、ユーザのアクセスログを使う形で、プロセスの最後が一番先頭になっている感じですか。

Hさん　既存サービスの担当者が、反復サイクルの中で実践しているアプローチに手応えを感じなかったり、打開策に行き詰まったりしたときなどが、プロセスの開始になることが多いですね。

　　次に多いのは、新規サービスのプロトタイプ検証です。戦略策定時に、プロトタイプがつくられるケースは増えていますが、市場ニーズやターゲットに適したデザインが担保されているかの観点で、テストをしたいという相談もいただきます。

質問者　新規のものに関しては、どちらかというとユーザビリティテストに近い形のものということでしょうか。

Hさん　そうですね。市場に出す前のテストが多いです。

質問者　新規の場合は、上流工程でのユーザ調査は抜けてしまう感じでしょうか。

Hさん　参入するビジネスモデルや投資規模にもよりますが、十分なユーザ調査ができているケースばかりではありません。プロダクトの形が明確になった段階で、市場に出す前に検証しておきたいという場合、ユーザ調査から得られた情報が少ないなかで、検証の準備を行うことになります。

質問者　社内でそのことは問題視されますか。

Hさん　意識の高まりを感じます。新規サービスの検討の場合には上流工程から声をかけてもらえるよう働きかけてきましたが、特にここ1年で、開発初期の要件定義時から参画できる機会が増えてきました。ユーザの状況把握のための調査についても、重要性が認知されてきたのだと思います。

質問者　ということは、現状はだんだん良くなってきているものの、全社的にHCDの考え方が浸透したというわけではない、ということでしょうか。

Hさん　そうですね。事業担当者は専門家ではないので、その思いを「UX」や「ユーザ中心」というキーワードで伝えてくれています。HCDというワードこそ使われるわけではありませんが、共通するコアの意識は、事業責任者の立場にある方ほど、浸透してきている傾向にあると思います。

質問者　HCDを導入すると、時間もお金もかかってしまう、というようなことはありますか。

Hさん　投資額も大きく期間に余裕があるサービスでは、取り組みを前向きに検討してもらえます。一方で、スモールスタートで、まず世の中に出して、反応やデータを見て、その後に判断を行うケースでは、時間やお金の初期投資がなかなか難しいところです。

質問者　なるほど。まずつくってみて、市場に出して、何か問題がありそうだったらすぐに回収して、また市場に再投入していくと。そういった流れが早く行えるWebサービスの特徴は、関係していますか。

Hさん　はい。他の媒体や市場のプロダクトよりも、インターネットサービスの開発サイクルは早いと思います。その状況で感じることは、ユーザの様々なインターネットリテラシー（利用時の安全性、セキュリティ観点など）の高まりに対し、サービスを世に送り出す側にも、相応の倫理観が求められる点です。

　インターネットサービスの黎明期に比べて、例えば、規模としては小さな

システム上の欠陥でも、お客様の安全性が大きく損なわれてしまう可能性が高くなってきています。この問題については、特にエンジニアが強く危機感を持ってやってくれていますが、サービスに携わる関係者全体で、同様の温度感をもつ必要性を感じています。

質問者 そういった点は、上流工程できちんとユーザ調査をしないといけないという話になりますか。

Hさん ユーザ調査も、誰にサービスを届けるかを明確にする上で必要ですが、倫理観や安全性の確保については、ものづくりに携わる人間が持つべき「当たり前」の文脈が強いです。現在のものづくりの姿勢ですと、ユーザの利用文脈の前に、安全性や信頼性の観点に意識が向くケースが多いと感じます。

質問者 先ほど、ここ1年ぐらいで少し風向きが変わってきて、人間中心の形でという動きが根付き始めたというお話がありましたが、何かきっかけはありますか。

Hさん 明確なきっかけではないのですが、地道な推進活動が、やっと「ユーザに向き合ったプロダクトほど、きちんと使ってもらえる」という理解として、社内で定着し始めたのだろうと思っています。これは、私たちデザイナーだけで得られたものでなく、共にプロダクトに関わるメンバーと成し得たことです。小さな成功体験の積み重ねによって、プロダクトに対して自信を持てるようになった人が増えたと感じます。

また、デザイン経営宣言の影響もあるかと思いますが、国内各社がプロダクトをつくる際の姿勢として、「ユーザ中心」という文脈を発信することが多くなってきたと感じています。結果として、開発メンバー以外でも、そういった情報を見た人たちの意識も高まり、デザインプロセスそのものを見直すことに結び付いたのではないかと思います。

質問者 世の中が変化してきた大きな要因としては、UXの考え方の浸透があるのでしょうか。

Hさん 大いに関連があると思います。UXに向き合ってつくられたものは、長期にわたってお客様に使っていただける、ひいてはビジネスへのリターンにつながる要因であると認知されてきたのではないでしょうか。それらは、

ただ消費されるだけのものではなく、資産になるという意識も伴ってると思います。

質問者　その UX についての共通理解はいかがでしょうか。それぞれの認識がズレていると大変だと思いますが、何か基軸になるものはありますか。

Hさん　全社一貫となるような共通理解にはできていませんが、例えば、私たちが担当している事業の中だと、UX を軸に、「この体験をお客さまに届けるには、マーケティングにまでさかのぼって、何をしていかなくてはいけない」という議論が、活発に行われています。事業のために必要なアプローチだと実感してもらえている手応えを感じています。

HCD の規格は読書会を開いて学習したが、コロナ禍では改定の情報などはなかなか入ってこない

質問者　ちなみに、UX については HCD やユーザビリティに関する ISO や JIS の規格の中にも定義の記述がありますが、そのあたりはご存じですか。

Hさん　不勉強で恐縮です。規格があることは知ってはいるものの、きちんと理解するまでには至れていません。規格準拠の文脈で、業務上で意識するシーンが少ないことが理由だと思います。

質問者　HCD という考え方については、ISO や JIS の規格があるということはご存じですか。

Hさん　私自身は知っていて、規格も読んだことはあります。ただ、他の人への啓発活動はできていません。

質問者　お読みになった規格は、どのバージョンの規格でしょうか。

Hさん　HCD の JIS 規格について、社外の方を含めて有志で読書会を開催したことがあります。少々曖昧ですが、2019 年のもので、改訂版が日本語でJIS 化されるタイミングだったと思います。

質問者　そうすると、2010 年版の ISO 9241-210 の JIS ですね。読書会はどういうきっかけでされたのでしょうか。

Hさん　普段から情報交換している方と JIS 化が話題になり、簡易的なイベントを当社の会議室で開催することになりました。

質問者　その読書会で、規格の内容を勉強して知ることは、実際の業務には

どのように役立っていますか。

Hさん　読書会では、HCD の規格について学ぶきっかけを得られましたが、HCD 規格の動向について常に意識して学び、実務に取り入れるところまでは、なかなか行き着いていないのが現状です。

　しかし、規格を学んでその内容を知ったことで、プロジェクトの現場でHCD のプロセスの一部でも実践ができるようになっています。様々な調査データをもとにプロジェクトの関係者と議論して、ユーザへの理解を深めることや、開発の経緯や必要性について共通認識を持つことができるようになったと思います。

　そういった意味でも、HCD の規格やナレッジは、ユーザ中心の考えに根ざして地に足のついたサービス開発を実現したい多くの人々の手引きになると思います。

質問者　HCD が開発のトレーサビリティのようなものになっている、ということでしょうか。

Hさん　そうですね。開発工程においてシステム要件が先行した場合に、必ずしも想定ユーザの利用文脈を意識できていないことも起こりえます。そういったときでも、ユーザ目線から実利用に適う要件が揃っているかについて、「UX」や「ユーザ中心」というキーワードを織り交ぜつつ問いかけることで、サービス提供側の視点が優先されすぎていないかを、関係者間で立ち返って議論できるようになっていると思います。

質問者　その「ユーザ中心」と、「人間中心」というのは区別されていますか。

Hさん　意味する範囲が異なると、個人的には理解しています。「ユーザ中心」は開発するプロダクトの利用者や顧客に向けられるベクトルが強く、「人間中心」は、より広義な人間工学に即したニュアンスが強いと思います。サービス提供の現場では、「ユーザ中心」を意識することが多いと思います。

質問者　先ほどの勉強会は、HCD の規格の読書会ですよね。HCD と UCDはどう違うのだろうといった議論はあったのでしょうか。

Hさん　「HCD の規格を読んで、触れてみよう」という趣旨でしたので、そ

のような深い議論にまで至りませんでした。

質問者 読書会の参加者の皆さんのモチベーションはどういうところにあったのでしょうか。

Hさん 参加者によってモチベーションは様々だったと思います。私は、「規格の文書を読むのは初めてだけど、みんなと一緒だと最後まで読める」というカジュアルな理由でした。主催メンバーの中には、規格の改定前後の違いなど、深い知見や観点を持って参加された方もいらっしゃいました。

質問者 2019年版のJIS規格の日本語の読みやすさはいかがでしたか。

Hさん 日本語は難しいと思いました。性質上、厳密で専門性の高い記載が必要であると理解していますが、理解に必要となるリテラシーや実体験が少ない方には、そのまま読んでそれを活用するに至るには、ハードルが高いのではと感じました。

　そのため、どのようなシーンで使えるか、どのように平易に伝えるか、を意識しながら、実際の開発現場に導入することをイメージしつつ読んでいました。

質問者 HCDのJIS規格の2021年のバージョンは、日本語としてもっと読みやすく、高校生でもわかるように検討しました。そういう改定版が出たという情報は入っていますか。

Hさん それは存じ上げませんでしたが、ぜひ読んでみます。現在の情報網だと競合サービスや事業理解についての文脈での情報収集が多く、ご紹介いただいた情報が入ってこなかったか、または見落としていました。

質問者 改定版の規格についての講習会やセミナーを、HCD-Netや日本人間工学会などでも開催されていますが、そうした情報はあまり入ってこないのでしょうか。

Hさん HCD-Netのメールマガジンを受け取っていますが、すべてを注意深く読めていません。業務で接する方の中に、規格の運営などに携わる方がいれば、意識する機会が増えるかもしれません。

　今回のテーマに限らずですが、コロナ禍で偶発的に、新しい情報に接する機会は減りつつあります。必要と思える情報を、もっと能動的に獲得する事の大切さが、今後も増していくのではと感じています。

－ － － － －

Web サービスでは安全性や信頼性が最重要だが、ユーザビリティテストも行っている

質問者 HCD の JIS 規格を一通り読んでおられるということですが、準拠しにくい、あるいは実際の業務に向いていなかったり、やりにくいと感じたりする箇所はありますか。

Hさん 規格に沿ってお答えできず申し訳ありません。改めて、読み直したいと思います。

本日のインタビューでいただいた気づきとしては、HCD が本来の意図した形で活かせていない可能性があることです。例えば、公共性の高いプロダクトの場合は、規格準拠の要求や優先度は高いものになるかと思います。

しかしながら、私たちがサービス開発を行う際には、必ずしも規格準拠が優先項目にならない現実があります。このような状況下ではありますが、「できる限り良いものにしよう」とする手段として、ユーザの利用状況の把握・要求や要件の仮説化をピックアップしていると振り返れました。

質問者 人によっては、HCD は ISO や JIS で規格化されているところにお墨付きのような効果があると考えている方もいますが、H さんの感触としてはいかがですか。

Hさん 前述で、公共性のあるプロダクトという形で触れましたが、サービス特性に依存すると思います。すでに対象とするターゲットユーザや利用シーンが限定されていたり、想定されるシナリオやパターンの優先順位が明確であったりすると、HCD プロセスを丁寧に辿る必要性を感じにくいのではないかと思います。「使いやすく安心して利用できるものをつくる」という思いは変わりませんが、実現したい表現や、維持可能な運用側面を優先することが多くなります。

質問者 公共性のあるサービスの場合には、安全性と信頼性あたりは特にこだわっているんですね。

Hさん はい。特にそれらの観点に対しては、ユーザの期待値を超えていこうとする姿勢が、開発現場では特に強いと感じます。

質問者 実際にアプリやサービスを使った方々から、肯定的な意見もあるで

しょうけれど、中には否定的な意見もありますよね。そうした情報は、いわゆるカスタマーサービス部門に集約されるのでしょうか。

Hさん　はい。カスタマーサービス部門に、ユーザの声が届く業務フローを採用するサービスが多いです。サービスによっては、独自にアンケート調査を行い、例えばリリース間もない新機能への反応や、プロモーション効果の分析に役立てています。

質問者　カスタマーサービス部門に集まってきた情報は、どのように実際の設計、次のバージョンの設計に反映されるのでしょうか。

Hさん　不具合についてのレスポンスはユーザから届きやすく、それらの修正については、直ちに対処します。それ以外の声も検討テーブルに上がりますが、改修することに対する意思決定は、必要な投資額が大きければ大きい程、時間を要す傾向にあります。

　緊急度が高い内容や、長期でも事業継続に大きな影響を及ぼす声をいかに適切に拾い上げて、リスクを最小化するかについては、カスタマーサポートだけでなく、関連部署も連携して、強化して取り組んでいます。

質問者　重要性や緊急度の仕分けは、どういう方々がしているのですか。

Hさん　重要性や緊急度の高いものは、システムの障害に関わっていることです。お客さまがシステムに触れられないことや、あるいは当社の利益につながるところの欠損につながりかねないものが、緊急なものや重要なものとして一番上がってきやすいですね。それ以外の、こうだったらもっと便利なのにとか、他の会社ではこうなのに御社ではできないのですね、といった類の要望に関しては、ストックはされますが、重要度的には上がってくるのに少し時間がかかります。

質問者　そういうフィードバックをベースにして、次のバージョンを策定し、それの検査をしてリリースをするとなると、1つの開発サイクルでどのくらいかかりますか。

Hさん　軽微な部分改修などは、1〜2週間程度かと思います。定期的なリリースサイクルを構築している開発組織の場合は、何週間後のリリースに乗せていくか、開発計画をたてて実行しています。

　大きなシステムの改修の場合、数週間から数ヶ月かかる規模のものまで

様々かと思いますが、開発に要する期間を確認して、事業の責任者がリリース計画検討にも加わります。

質問者 開発計画についてスケジューリングをするときに、できるだけ早くリリースしたいとマネジメントサイドは思うでしょう。けれども、ユーザビリティの評価も、信頼性の評価も、安全性の評価も、ユーザ調査もしたい、といろいろあって、スケジュールをもう少し延ばしたいといった要求も現場としてはありそうですが、その辺の状況は、いかがですか。

Hさん ユーザへの影響が予想されるとき、もしくは影響規模の想定ができない際に、調査や検証が必要となった場合には、気軽に声をかけてほしい旨をエンジニアや事業責任者の方々にお話ししています。小さな不安でも、導入が比較的簡単なヒートマップ（画面の中でユーザがどの箇所をどの強度で閲覧していたかが判断可能）や、ユーザアンケートなどの結果をもとに提案をして、不安を取り除いたり、課題をよりクリアにできたりします。課題がよりクリアになった後で、本格的な調査実施の提案をする事もあります。

　不安が大きい事例ですと、すでにサービス担当のデザイナーがプロトタイプをつくり終えているものの、漠然とした不安がある、といったケースなどがあります。ほかにも、課題は山積しているけれど、どの課題から手をつけていくのが良いかを判断できないケースなどもあります。どちらも、ヒアリングから入って、担当者の思いを紐解きながら、目的を一緒に整理し、調査手法を選択していくアプローチをとります。当社のカルチャー的には、定量データからの仮説立案はよく行われているので、定量的なデータから見えづらいユーザ調査文脈の相談が多いように思います。

質問者 そういう場合に使われているユーザ調査というと、どんなことをされるのでしょうか。

Hさん はい。最近よく実施しているのは、ユーザアンケートやユーザインタビューです。費用や期日的に外部の方を対象にすることが難しい場合には、想定ターゲットに近しい方を、社内で探して調査協力してもらいます。

質問者 なるほど。それはグループインタビューでしょうか。それとも個別インタビューでしょうか。

Hさん 個別インタビューが多いです。スマホデバイス上のインタフェース

- - - - -

に関する改善への試みが多いことが、理由として挙げられます。大規模なリニューアルや、事業参入の場合には、グループインタビューのオーダーもありますが、前者に比べると数は少ないです。

質問者 ほかに、A/B テストもなさいますか。

Hさん A/B テストは、頻繁に実施されています。開発サイクルのなかで継続的に行われてるケースも多くあります。A/B テストの結果を受けて、良かった案を円滑にリリースできるように、意思決定フローを整備している既存サービスもあります。

　新規サービスの開発においても、プロトタイプを複数つくって、テスト規模を大きくしすぎずに、検証スピードを速めて頻度を増やす方針です。プロトタイプテストで協力者を募る際には、募集時のアンケート項目に、生活習慣や趣味などのテストしたいサービスに関連する設問を折り込むことで、ターゲットユーザに近い属性を持つ方のリクルーティングが可能です。

質問者 会社の規模が大きいので、いろいろな属性でサンプルを選べるわけですね。

Hさん そうですね。ある程度、選べます。特に、アプリでリニューアルをかけたいときだと、社内でベンチマークの人を何人か決めておいて、この方たちの意見は、毎回フィードバックをもらう、と決めて追跡する方法を採ることもあります。

質問者 プロトタイプについては、ペーパープロトタイプでしょうか。それとも、実際に HTML で書いてみたりしますか。

Hさん ペーパーは近年少なくなり、プロトタイピングツールで完結することが多くなってきています。例えば、AdobeXD や Figma などを使うと、UI デザインしたものを、そのままプロトタイプとして動かして検証することが可能です。既存プロダクトや簡易的な物であれば、エンジニアがテスト環境に実装したもので検証します。

質問者 プロトタイプをつくるための要求仕様や要件定義などは、ドキュメントとしてきちんと残すのでしょうか。

Hさん 近年は、ここまでご紹介した意識の高まりもあり、要求・要件とそれを実現するためのワイヤーフレームがつくられることが多くなりました。

- - - - -

そこからプロトタイプをつくって、より詳細に具体化するという工程がスタンダードになりつつあります。

質問者 なるほど。シナリオやペルソナといった手法は使っていますか。

Hさん サービス特性によって、手法を使い分けています。例えば、幅広い層をターゲットユーザとして想定しているケースでは、シナリオは用いますが、詳細なペルソナよりも粒度が大きいユーザ群のような捉え方をして議論します。

　一方、ターゲットが絞られているサービスの場合は、シナリオだけでなく、キャラクター付けを行って詳細度が高いペルソナとしてつくり込み、ペルソナとシナリオのセットで議論されることが多いです。

　公共性が高いプロダクトについては、狩野モデル（1984）でいう「当たり前品質」を満たすことを重視するため、ペルソナを用いる重要度は下がる傾向にあると思います。

質問者 カスタマージャーニーマップをつくることもありますか。

Hさん はい、カスタマージャーニーマップはよく用いられています。最近では、ユーザ体験全体の検証ができるよう、カスタマージャーニーマップを拡張して、ユーザがサービスを利用するための提供フロー全体を可視化していくサービスブループリントを用いることも多いです。

　システム仕様・バックオフィスの連動や要素の抜け漏れを、プロジェクトメンバー全員で俯瞰しながら確認ができますので、評判が良いです。私自身、大学院で学んだ知識に加え、他社事例の情報も積極的に集めることで、プロジェクトに応じて最適なアプローチが提案できるように心がけています。

事業活動をする上では、数字を見せながら相手に応じて表現を変える工夫が必要

質問者 お話を伺っていると、社内では何かに困ったらHさんのところに行くというイメージですが、HCDやUXを意識することを考えたときに、Hさんや所属されている部署のみなさん以外に頼れる人はいないのでしょうか。

Hさん 社内にも他に、ユーザ体験向上に向けて様々な取り組みをしている組織や担当者がいます。議論の出発点次第ですが、デザイン文脈で対応できる人材はまだまだ少数派だと思います。当社のデザイナーの役割期待として、ビジュアルデザインやUIデザインといった業務が多く、それらを得意とする人材が多いためです。

　私の所属部署の特徴としては、事業に寄り添って数字をうまく扱いながら、サービスや事業継続に良い選択を促していくことを大事にしておりますので、その結果として、事業責任者の方から直接ご相談いただく機会も増えています。中心的にこれらを推進しているのが、私と私の上司です。

質問者 コンサルティングも兼ねての提案みたいな形ですか。

Hさん 数値を改善したいというご相談や、デザインプロセスの始め方といった漠然とした相談も多いです。ヒアリングを通して、具体的な施策の立案・遂行・実施後の検証と進めていきます。また、私たちが行うような一連の活動を、自組織で継続できる人材の育成・体制づくりも、同時に期待されていると感じます。

質問者 Hさんの上司は、どこかで勉強されたのでしょうか。

Hさん 私の上司は独学が好きな人で、Webデザイナーでキャリアをスタートされましたが、ディレクターを兼務されるようになり、そのまま現在に至った方です。

　デザイナーとディレクターの役割を並行しながら、プロジェクトを牽引するなかで、自然とHCDやUXの思想に触れた結果、エビデンスづくりのためにアクセス解析やその他の調査手法を泥臭く学んできたと聞いています。学ばれてきたことを活かして主導しながら、現在のデザイン部を設立されて、自組織以外のデザイナーにも事業関係者とのコミュニケーションを中心にサポートしていらっしゃる、頼れる存在です。

質問者 相手となる事業に応じて、使う言葉や伝え方も変えるのでしょうか。

Hさん そうですね。例えば、予算側面を優先する意思決定者の方には、開発文脈よりも貢献利益の数字をしっかり見せていこうとか。ユーザ中心の文脈に興味ある方には、ご自身の専門領域と関連づけて理解を促すようにするかとか。最終的には、どうビジネスに貢献できるかを、しっかり納得しても

- - - - -

らうことを大事にしています。そうすることで、必要となる期間や予算にも納得して承認してもらえ、最終的には、次の機会への信用につながるとその上司と話しています。

　例えば、当初の要求通りやれば、1週間でリリースされてしまう案件に対して、これからテストを実施するため1カ月の時間を要するとしますね。かかる期間の根拠や、対応することによるプラスの効果、損失の低減などを数字で説明して、プロジェクトの中で開発予算、人員を割いてもらうための提案と調整を行っていきます。その結果として得られた時間や予算内で、具体案を考えて、デザインや開発を行う関係者に、そこまでの経緯や目的を適切に伝えていきます。

質問者　説得の仕方がすごく重要になってくるのですね。

Hさん　提案の趣旨は理解してもらえても、その結果として得られる具体的な効果を、どのように定量化して表現し伝えていくか、日々苦慮しています。

質問者　御社のデザイン部というのは何人ぐらいの部署ですか。

Hさん　全社では数十名在籍していますが、私が所属する組織は10名程です。サービスブランディング領域でのビジュアルデザインや、プロダクトのUI設計を主に担当しています。

　私たちの組織以外にも、デザイナーが複数名所属する組織があります。事業ごとに、デザインチームを抱えて開発をしているケースもあります。私たちの部署は、他のデザイン組織への技術・教育側面の支援も業務に含んでいます。

質問者　それぞれのデザイン部門にUXというか、Hさんみたいな立場の方がいらっしゃるのですか。

Hさん　全体の比率でいくと、大規模開発やその上流工程に携われる人材はまだまだ少ないのが実態です。今回ご紹介したようなニーズがある際には、私が所属する組織に相談が持ちかけられるケースが増えています。

質問者　相手に応じて伝え方を考えつつ、HCDのエッセンスを所々で入れておられること、よくわかりました。お忙しいところ、どうもありがとうございました。

- - - - -

11.3 出資・アライアンス担当のIさん
——通信・IT、従業員規模：10,000人以上

HCDはものづくりのためのフレームワークの一つととらえていた

質問者 Iさんは、通信・IT系の企業で、どのような業務をされているのでしょうか。

Iさん 自社の出資業務を担当していて、外部企業とのアライアンスなどです。その関係で出資もしますが、出資後の事業開発のようなところも、事業部と共に行っています。事業部がどのような設計でサービスをつくり、企画をしているのかを、様々な部署に入りながら広く見ています。

　今入社して6年目ですが、初めの3年ほどは、むしろ事業部側でサービスの企画・開発などをしていました。後半の3年が、現在行っている出資業務です。当社の中でも、サービスの企画の方法が3年前とは変わってきていますので、随分と良くなってきたと思う一方で、本日はお恥ずかしい話をいくつかすることになりそうです。

質問者 Iさんが、HCDという考え方を知ったきっかけは、どのようなところですか。

Iさん 知ったきっかけは学生時代ですね。理工系で人間工学分野を学ぶところにいたので、学部の授業の中でもHCDをテーマに扱った内容がありました。そのタイミングで初めて知ったと思います。

質問者 そのとき、どのような話があったか、概略を覚えていますか。

Iさん 細かく覚えていませんが、あまりサービスをつくるという話や規格の話はなかったと思います。大学院に進学した後、学会に参加することになったときに、ISOやJIS規格の話や、開発をするうえでどのようにしていくのかというプロセスを含め、指導教員に教えてもらいながら、考えていきました。そこで規格について初めて知った感じで、このようなものがあるのかと知りました。また、当時は学生だったので、企業では実際にどのように開発が行われているのかよくわかっていなくて、白いキャンバスにいきなり企画書を書いてつくっていくようなことをしている、みたいな大まかなイ

メージしかありませんでした。例えば、HCD のほかにもいくつかフレームワークがあって、そういったフレームワークに沿って様々なものをつくっているのだと思っていました。ものづくりのためのフレームワークの一つが HCD という印象でした。

質問者　実際の企業活動を知らない学生の段階で、HCD について学ぶことはいかがでしたか。

I さん　学生の時には、企業活動と HCD をあまり結びつけて考えられていなかったというのが、正直なところです。ただ、私の場合は、研究対象がスマホのアプリの開発だったので、ユーザビリティを確認したり、実際にユーザに使ってもらって、そのフィードバックをアプリに反映したりといった HCD の要素を、アプリの開発の中に入れるということはしていました。HCD のプロセスを学んだことはアプリの開発の進め方を考えるうえでもよかったと感じていますし、アプリをブラッシュアップしていくうえでも非常によかったと思います。

質問者　学生として研究開発を行う場合の「ユーザ」とは、どのような人たちでしたか。

I さん　私の場合は、同じ大学の学生やシルバー人材センターの方にも協力していただいて、ユーザビリティやアプリの印象評価などをしていました。そのほかにも、実際にクリニックに持って行き、そこの患者さんに使っていただくこともありました。クリニックで使ってもらう場合は、どちらかというと本番だったので、その前に誰でも簡単に使えることや、アプリの表示画面のわかりやすさやアプリ自体への印象を確認しておく必要があったので、ご高齢の方にも使ってもらってお話を伺うようにしていました。また、実際に医師や患者さんに使ってもらって、さらにフィードバックもいただいて、どのように改良していくかを検討するということもやっていました。

HCD を受け入れる姿勢はあるが、現状では HCD の活動も含めての外注が多い

質問者　では実際の業務の中では、HCD という考え方は役に立っているのでしょうか。社内では、HCD を受け入れる雰囲気なのでしょうか。

I さん　その観点でいうと、社内では HCD のような考え方を積極的に受け入れていこうという話はあったと個人的には思っています。ただし一方で、HCD を最優先して、サービス開発における必須要件として捉えていたかというと、そうではなかったという印象です。

　あくまでも当社の場合は、例えば、サービスを開発するときに外部のデザインファームを活用することが多いのですが、そのデザインファームが、自分たちのアプローチの特徴として HCD を採用しているとか、デザイン思考をやっているとか、売り文句として使ってくることが多かった印象があります。

　社内としても、真っ白なキャンバスにデザインの素人が自分たちで絵を描くよりも、そうしたプロのデザインファームの人たちにアカデミックなアプローチでしっかりと設計をしてもらえるほうが、社内的な意思決定をしやすいですし、しっかりとしたものができる印象がありました。そこは、皆が重要視していたところかと思います。

質問者　今は、入社 6 年目ということですが、勤めているなかで HCD への考え方や受け入れ方などが変わってきたと感じることはありますか。

I さん　最近は、内製していこうという動きが出ています。具体的には、UI/UX デザインを専門としている外部講師をお呼びして、社内で研修をしています。それによって、自分たちで道標を描けるようにしていこうという動きが社内にあります。ただし、キーワードで見るとかなり広い範囲なんですよね。UI/UX デザインやプロダクトデザインなど、様々なキーワードで語られている中の一つに、HCD も入っているという感じです。

質問者　HCD とデザイン思考、あるいは、UI/UX など様々な概念がありますが、それらの概念の関係性はどのように位置づけていますか。

I さん　デザイン思考は、随分と曖昧な言葉に聞こえます。HCD は、サービスやものを開発する一連のプロセスのフレームワークだと思っています。UI/UX は、もう少し上流にあり、サービスやものを設計していく前にどのような体験を提供したいのかということや、顧客体験などの形になる少し前段階のものをイメージしています。全体を通して言うと、頭の先からお尻まで UI/UX というように語られると思いますが、その細かいプロセスの中に

HCD が入っているという関係かと思います。

質問者　ISO や JIS の規格で HCD が規定されていますが、そうした規格についてはいかがですか。

Ｉさん　規格の話はほぼ出てきません。古い、新しいという概念は多少あるにせよ、ユーザが使ってくれるものは何か、というところから話が出発し、どの規格に対応しているかについては、あまり実務では重視されていない印象です。

質問者　となると、実際に規格を見たことはありますか。

Ｉさん　私個人は、あまりありません。学生時代に論文を書くなかで、規格の HCD の活動の関係図を引用して、アプリ開発で実践した内容を説明するために使った程度です。実務のなかでは、一から文献を掘り起こして読んでいくというよりも、一般的に使われているエッセンスだけを抜き、自分たちのサービス企画に適用していくケースのほうが多いと思います。

質問者　Ｉさんとしては、ISO や JIS の規格について、これ以上、改定してまで新しいバージョンを出しても関係ないという感じですか。

Ｉさん　私は規格の中身をあまり詳しく把握できていないので、何とも言えないですね。今は、消費者に使われるサービスも形態が変わってきています。Microsoft Office が売り切りからサブスク型に切り替わったのもそうですし、おそらく、ユーザの体験が今後も変わっていくことを考えると、規格のアップデートは必要だと個人的には思います。ただし、それを企業の中でどのような優先順位で位置づけていくかという点は、会社側の課題だろうと思います。今で言うと、規格が改定されても、一方で、私たちがそれをうまく実務に反映し切れておらず、結果につなげられていないという感じがします。

質問者　もとは製品から始まった規格ですが、これからは、よりサービスに関連したアップデートをすることが必要だということでしょうか。

Ｉさん　サービスに限った話ではありませんが、今後も新しい形で製品が多く出てくると思うので、それに合わせてアップデートされていくべきだと思います。

質問者　お話を伺っていると、HCD の規格を知っていくというよりも、使え

そうなエッセンスを引き出し、それを使える所に適用してうまく構成していくという使い方なのですね。

Ｉさん そのイメージが強いと思います。HCD の活動の関係性の図については、ほぼ、「これぞ HCD の開発プロセスだ」と語られることが多いです。そういった形は最近でもよく見られます。それと、担当者のスキルによるところもあります。担当者に HCD の教養がある場合や、デザインファームがしっかりと入っている場合は、HCD のフレームワークを使いつつ、各プロセスを実務に落としていくことは比較的実践していると思います。社内の人間だけで行う場合だと、エッセンスを引きだしつつ、素人ながらとりあえず行うことが多い印象です。

質問者 御社独自の設計開発のプロセスモデルのようなものはありますか。

Ｉさん 社内では、私が知る限りないですね。そもそも、当社にデザインを設計するチーム自体がありません。サービスの企画自体は、プロパーの社員が実施しつつも、デザインのディレクションなどは基本的に外のデザインファームに任せています。そういった背景もあって、社内で統一的な設計思想があるかというと、ないのが実情です。一方で、審査といいますか、できあがったものを社会通念上で当社として出していいものかを審査する部門があります。会社から出すサービスはサービス名やサービスロゴ、CI、アプリ内ヘッダーフッターデザインなど細かい制約があります。ただしブランド統一を目的としたもので、ユーザビリティの観点は感じられません。サービスを提供する会社として、どのようにあるべきなのかというのを、しっかりとデザインできる部署がないのは弱みではないかと、自分では思っています。そのような実情です。

チームメンバのスキルによって外注の仕方も異なる

質問者 外注する際に外注先にディレクションを行うとき、このようにステップを踏んで、プロセスを進めて欲しいといったような指示はされるのでしょうか。

Ｉさん それは、チームによって特色が違います。チームの中で、例えば

HCDのスキルを持つ人がいる場合には、ディレクションの要件に入れているケースはあります。チームにそこまでスキルを持った人材がいない場合は、そこの方針も含めて依頼するケースもあります。自分からは依頼せず、先方から返ってくる内容で、スプリントでいくとか、HCDのプロセスを導入してつくっていくとかのご提案をいただくケースが、私の場合はありました。

質問者 外注先によっては、HCDを行うデザインファームもあるということなんですね。ユーザ調査や評価はどのように行われていたのでしょうか。

Iさん 昔、コンペをした際に、そのようなご提案をいただいたデザインファームは何社かありました。例えば、「私たちには学位を持っているメンバーがいて、自分たちはHCDを使ったアカデミックなアプローチでいくことが強み」という形で、デザインファームが推してきました。ただ、そのデザインファームはコンペに落ちてしまい、実際には依頼しなかったので、具体的にどのような調査や評価をどんなタイミングで行うかなどの詳細まではつかめていません。

質問者 外注して納品物を検収するときに、ユーザ調査をしているのか、ユーザビリティ評価をしているのかという点は、チェックポイントになりますか。

Iさん 委託後は、そのまま納品してもらったものをただチェックするというよりも、一緒にプロジェクトに入っていくイメージです。実際に私の場合は、委託したデザインファームが週1回程度のワークショップを開いてくれました。参加しながら、企画を固めていくという取り組み方です。委託業務の必須要件には入れていなかったのですが、ユーザ調査や競合サービスの利用調査は実施していただきました。

質問者 実際に、HCDのプロセスに沿って、何か業務が進行していったケースはこれまでにありましたか。

Iさん 私の周りでは見たことがありません。なので実際に体験したことはありません。

質問者 つまり、HCDに関連するISOやJISの規格をご存じの方は、Iさんの周囲にはあまりいないということですか。

- - - - -

Iさん HCDという考え方は、共通言語としては認知されていると思います。実務で行っている人や規格について詳しい人がどの程度いるかというと、あまりいないのではと感じます。最近は、ニュースでもHCDという言葉がキーワードに出てくることがあるくらいなので、一般教養として皆が言葉自体は知っているというイメージです。

質問者 キーワードの一つという感じで、実践的な知識ではない、ということでしょうか。

Iさん 自分の周りでは、皆HCDという言葉は知っていて、ではそれは何かと言われると、おそらく規格のあの図が出てくるくらいでしょうか。なので、流れはわかりますが、各々のケースで具体的にどうすればいいのかという実践的なところまではカバーしきれていないと思います。

質問者 UXについては、社内で研修のような講座があったという話でしたが、それはどのような内容でしたか。

Iさん UXとは何かというところから入って、サービスを実際につくる演習もありました。なるべくサプライヤーからではなく、ユーザの課題から出発する形でサービスをつくってみて、一連のものを体験してみようという研修です。テーマ自体は与えられますが、それに沿ってユーザの課題は何かというところから出発し、それを解決するためにはどのようなサービスをつくるのかという流れを考えていく一連の研修でした。

質問者 御社のサービスや製品というと、具体的にどのようなものですか。

Iさん いくつかありますが、基本的にはデジタルコンテンツだと考えてください。当社では、サービスをシリーズで提供しています。映像が見られるオンデマンドサービスや、電子書籍を見られるサービスなどです。私の場合は、3年前にレンタカーやカーシェアリングのサービス企画開発をしていました。

質問者 個別のアプリ開発については、アプリ開発会社に任せて、御社としては、基幹部に近い部分を担当しているということですか。

Iさん 体制としては、アプリごとに担当するチームがあり、チームからそれぞれデザインファームに依頼する体制になっています。チームの中でどの程度の業務を持てるかというところは、そのチームのメンバーのスキル次第

- - - - -

ですが、例えば、私がいたカーシェアリングサービスのチームでは、あまりデザインに詳しい人間がいなかったので、大部分をデザイン会社に任せてやってもらうことが多かったです。

　一方で、映像系のサービスのチームでは、UI/UX に詳しい人がいるため、自分たちで内製をしつつ、必要な作業だけをデザインファームにお願いする体制をとっています。

目指しているところは、提供コンテンツに触れていないときも含めた CX の向上

質問者　話を戻しますね。UI/UX とユーザビリティの概念の違いについては、周囲ではどのように理解されていますか。

I さん　発信といいますか、私が人と会話をするときに明確に分けているのは、「ユーザビリティ」は使いやすさを表す単語で、「UX」はユーザが感じる経験すべてを表すため、使いにくいというところもすべて UX に含まれていると思っています。そこは分けて話をしています。

質問者　UX をデザインするという、「UXD」というキーワードもまた流行っています。我々二人は、すべての UX はデザインできないという立場ですが、いかがでしょうか。

I さん　それは、私たちの考えているところとは反対になるような考え方なので、非常に面白いと思います。一方で、私たちは顧客の体験すべてをデザインできるように、サービスの設計をするべきだと考えています。例えば、当社では、最近は「UX」よりも「CX」、「カスタマー・エクスペリエンス」というワードのほうが流行っています。

　CX の対象は何かというと、当社が提供しているデジタルコンテンツを使っている時間だけではなく、使っていない時間も含むということを前提においています。ネットでサービスに触れる時間だけではなく、それ以外も含めてカスタマージャーニーをひいていくことからすると、製品に触れていない時間もすべて含めて体験価値を上げられるようにしています。

質問者　すると、製品を使っている場合と使っていない場合を含めて、ユーザが生活の中でどのように使っているのか、それでどのような印象を受けた

のか、といういわゆるユーザ調査が必要になると思いますが、そのあたりは
実施していますか。

Ｉさん 　事業部ごとに定点観測などはしています。ただし、そこが会社とし
ても矛盾していると思いますが、何をもって調査しているのか、計測するの
かというと、アプリのレビューなどで見ます。実際に、製品に触れていない
時間を、どのように向上できたかというところは、あまり精緻には追い掛け
られていないのではと思います。

質問者 　レビューだけだと、書き込みたい人たちのみがレビューする形が多
い印象ですよね。対象の人工物をどのような状況で、どのように利用して、
どうだったのか、といった細かい利用状況や重要な情報が見落とされている
のではないかという印象もありますが。

Ｉさん 　レビューについても随分とツールの開発が進んでおり、単純にスト
アに星を付ける以外にも、「NPS」のような最近のツールも含めるといろい
ろとあります。「App Annie」をご存じですか。これは、定規やコンパスな
どの汎用アプリの中に計測ツールを組み込んで、そのアプリを誰が何時間
使っているのかを計測できるツールです。「App Annie」を使うと、自社の
アプリがどれほどのユーザにダウンロードされ、MAU（Monthly Active
Users）がどれぐらいで、アプリ経由の課金額がどれぐらいかを測ることが
できます。ただし、そのアプリを使ってどのように感じたかというところま
では、当然追跡できないため、あくまでも使用時間のトラッキングです。

質問者 　ということは、UX で大事になるユーザの主観的な印象を捉えるの
は難しそうですか。

Ｉさん 　今あるツールとしては、「NPS」ぐらいです。一元的といいますか、
結局は数字で評価されます。かなり情報が死んでいるなと思います。

質問者 　「NPS」は総合評価のようなものですね。例えば、良いこととしては
このようなことがあり、それについてはこの程度の嬉しさだろう、他方、悪
いこととしてこのようなこともあり、それについてはこのくらいのポイント
になるだろうなどと、分けて集めていくことはしていますか。

Ｉさん 　「NPS」からは、そのような取り組みはしていません。どちらかとい
うと、事業部単位でユーザにインタビューをするといった、いくつかの取り

組みをしているようです。方法としては、完全に各事業部が自分たちの思い付く範囲でしているようです。加えて、必要に応じてマクロミルなどの調査会社に依頼したり、「App Annie」を使っていたりする感じだと思います。

HCDは必ずしも必須要件ではなかったが、開発の上流を行うチームを新設

質問者 もしもHCDという考え方や、その規格がなかったとしたら、何か変わっていたと思いますか。

Iさん 先ほども少し話しましたが、HCDは社内で採用すること自体はありますが、サービス開発における必須の要件かというと、少なからずそうではない状況です。なくても開発現場自体は進むだろうという印象があります。その場合は、デザインベンダーからHCDに代わる設計プロセスが提案され、それに沿って開発を進めていくのだろうと思います。このあたりは、デザインベンダーが自分たちの知見と勘で積み上げていったものを、最終的に体系的にまとめてこちらに提案してくる形になっているところがあるので。

質問者 御社の中で、そのようなノウハウの蓄積をベースに標準化し、設計技法や評価技法にまとめていこうという動きはないのでしょうか。

Iさん 当社では、まだそのような動きはないのが現状です。ただ、一方でそのようなものを内製化していかなければいけないというところには、課題意識を持ってはいます。最近、新しい組織も立ち上がって、なるべく設計の部分を外部に任せるのではなく、社内でしっかりと内製しようという動きが出始めています。まだ始まったばかりなので、その動きに沿ってできあがったものが何かあるのかというと、まだないわけですが。

質問者 その新しい組織について、もう少し具体的にお聞きしてもいいですか。

Iさん はい。デジタルコンテンツを提供している部署では、部署内にサービスごとのチームがあって、各チームからデザインファームに委託するのが主立った体制です。その体制を少し見直して、設計の上流ができるようなチームを本部の中に設置しようと、最近、新しく推進室ができました。

　推進室の役割は、社内で統一的にデザインのベストプラクティスを取り込

むことです。現状、当社としてうまくいった事例を、横のサービスに展開できていないという課題があります。また、チームごとに発注している体制のため、結局、発注するたびにゼロからスタートするという点で、かなり非効率的なんですね。そこをうまく集約する組織を新しくつくったところです。

質問者 これまでは、チームごとに縦割りで活動していて、チームごとに蓄積されてきたノウハウはあったのかもしれないけれども、それが他の所に展開されていないのは効率が悪いだろうということなんですね。他の所に適用できるものは適用していく流れをつくろうという動きですね。

Ｉさん そのとおりです。社内的な事情で言うと、委託先を子会社化したことで社内体制が変化しました。もともと、子会社化する前には委託するベンダーの一候補として入っていたこともありました。そのベンダーを中に取り込む目的もあり、設計の上流ができるチームをつくった経緯があります。どちらかというとデザインというよりも、DevOps（Development and Operations）の業務のほうが多いかもしれません。

数値として見せることが難しいユーザビリティの改善の優先順位は低い

質問者 ところで、様々な HCD のための手法が提案されていますね。例えばペルソナやシナリオであったり、プロトタイピングやユーザビリティテストであったりもします。そのような手法は、どれぐらい使っていますか。

Ｉさん 例えば、今の単語を拾うと、ペルソナをしっかりと立てて設計していくことはやっていると思います。ただし、先ほども言ったように、それを必須化しているかというと、必須ではありません。担当者の判断で、このようなサービスをつくるためにはペルソナを立てて設計していくほうがよいとなったら、行っているケースは多いと思います。

質問者 ペルソナに関しては、役に立っていると思いますか。

Ｉさん 個人的には、非常に役に立っていると思います。実際に、自分自身がカーシェアリングサービスを設計する際も、ペルソナを30歳代の主婦として色々とつくり込みましたが、実際にもこの層にかなり使われていますし、とても役に立ったと思います。

質問者　評価についてはどうですか。ユーザビリティテストやインスペクション評価など様々ありますが、そのあたりはいかがでしょうか。

Ｉさん　評価に関しては、取り組みが足りていないと思います。結局、何をもってチームの実績が評価されるかというと、売上や会員数で評価されます。ユーザビリティの良し悪しや改善は、短期的な売上に反映されにくく、直接は見られないです。事業部のチームとしても、その評価にリソースを割くことまでは、あまりしていないと思います。むしろ、評価をするタイミングは、アプリをブラッシュアップするタイミングというイメージです。

質問者　一般の企業では、営業の方がお客さまに接して、お客さまの苦情など、どちらかというとネガティブな評価があったポイントを伝えてくることが多いようです。御社の場合は、どのような流れですか。

Ｉさん　私が関わっていたチームでは、小規模なグループインタビューを行っていました。グループインタビューでは様々なコメントが出てくるため、それが明確な問題点だとわかっていても、実際にそれを改善するための開発費を考えると、落としてしまうことがありました。

　カーシェアリングサービスでは、例えば、ユーザが使用中に給油した分のお金を返金する給油申請という少しマニアックなオペレーションがあります。それに対して「申請するボタンが押しづらい」というコメントがあったんですね。そこで、その部分を改善しようという話も出ましたが、サービス全体を見たときに、給油申請は使う人はそもそも少ないし、改善した際の売上への貢献要素も少ないので、明確な課題があったとしても、そこを解決するよりも、売上に影響があるところをしっかりと解決していくという感じでした。例えば会員登録フォームを使いやすくすることは会員増に大きく影響するので、改善項目として優先度が高いのです。

　そのように、優先順位を考えたときに落とされることがあります。課題の吸い上げ自体は行っていても、実際のアプリに実装していくところで、吸い上げた課題でも優先順位の判断によって落とされることは往々にしてあります。アプリの使いやすさの側面は、後回しにされがちだと思います。

質問者　そのようなところで踏ん張って、これはユーザにとって大事だと言うのは、一般的にはユーザビリティの専門家だと思います。そのような担当

者はいますか。

Ｉさん　チームの中にはいます。ただし、声を上げるにしても、営利企業なので売上に返る施策が評価され、採用されがちなところもあります。そのあたりは、欧米の企業に比べると非常に弱いと私たちも痛感しています。チームで追っている KPI（重要業績評価指標）が売上や会員数であることを考えると、使いやすさよりも売上につながる施策のほうが優先されやすい状況です。使いやすさを改善していくと、中長期的には効いてくると思いますが、直接的な関係は説明しにくいこともあり、採用されにくいというのがあるかもしれません。

質問者　そのときに、売上を重視してしまうマネジメントサイドが多いのかもしれませんが、ユーザの不満をなくすことで、ひいてはブランドイメージを向上させ、カスタマーロイヤルティーを向上させることにつながるというロジックにはならないのでしょうか。

Ｉさん　経営層と現場の社員の中では、そのような頭（使いやすさや顧客満足の視点）で仕事をしています。それにもかかわらず、最後に意思決定をするところで、実際に予算を使う場面になると、例えばそれで投資収益が見込めるのかどうかを厳しく見られることはあります。

質問者　いわゆるミドルマネジメントのところですか。

Ｉさん　おっしゃるとおりです。むしろ、経営層からは利益度外視で、そこをより重視して行え、というコメントはもちろん出るものの、実際に施策に落としていく際には、予算の都合で落とされることがわりとあると思います。

質問者　経営層が、もう一歩踏み込んで具体的に語ってくれたら、という思いはありますか。

Ｉさん　経営層も二枚舌なところがあります。言いはするものの、施策を上に上げると、なぜこのようなものを上げたのかと跳ね返されることは往々にしてあります。そこは私たちも弱みだと思っています。具体的には、当社は決済サービスを提供しており、シェアとしてはそれほど悪くありませんが、アプリの使い勝手で見ると他社のものに圧倒的に負けていると感じています。その原因はどのような所にあるのかと考えると、使いやすさよりも売上

- - - - -

を重視したキャンペーンを過度に打っていることが一因としてあるのではないかと思います。

　現場レベルでは、このようにしたほうが良いという案は、もちろん出ますが、数値的に見せないと取り組めないのが現状です。それを変えることで、シェアがどれほど伸びるのかという形にまで落とし込むのは難しいです。

多様な人材がいるチーム構成で、ワンチームで業務が行えるのが理想

質問者　技術が進歩していくにつれて、様々な新規サービスを始めるケースが多いと思います。Ｉさんが携わるプロジェクトでは、既存サービスの運用を続けたり、保守したり、あるいは改善するところと、新規サービスを企画してつくっていくところは、どのような割合ですか。

Ｉさん　今は、ほとんど新規サービスの開発がメインです。既存サービスに関しては、業務改革などでたまに案件が来ますが、ほぼ新規サービスです。新規サービスの中で、どんなことをしているのかというと、上流工程でアライアンスを検討しています。この会社と当社が組むとどのようなことができるのか、という大まかな絵を描くところです。

質問者　新規サービスを新しく立ち上げるうえで、ユーザとはどのようなアプローチで関わっていますか。

Ｉさん　今の実務の中では、私が消費者にあたるユーザから声を聞くことはほぼありません。むしろ、そのような声を聞いて設計に落とし込んでいくところは、事業部のチームのミッションになっています。私のチームとは、また違うところで行っている感じです。私が関与している案件では、当社はスポーツチームに出資していたのですが、そのチームと当社で何ができるかと考えたとき、例えば、チームのアリーナ内のデジタルサイネージを当社のものにするなど、上段の設計はします。ファンに対してどのような体験を提供するのかなどは、私たちというより、事業部のサービスを担当しているチームが中心に設計しています。

質問者　担当部署が、かなり細かく分散されているのでしょうか。細かくなり過ぎていて、連携が難しいと感じるところはありますか。

Iさん　はい。そこは会社として、あまり良くありません。縦にも横にも細かく切れているので、連携の難しさはあると思います。私自身は、少し首を突っ込んだりしています。部門によっては、「○○とこのようなことをすることになったから、あとの設計はよろしく」と言われて、上から急にオーダーが降ってくるケースもあります。背景を知らされないまま降ってくることもありますね。

質問者　Iさんの理想としては、どのように業務が進み、プロジェクトが進んでいくと、より良くなっていきそうだと考えますか。

Iさん　理想はワンチームです。スタートアップ企業の体制が最も理想的だと思います。一つのチームの中に、私のような出資の担当もいれば、事業開発担当とデザイン担当、プロモーション担当といったプロジェクトに関わるすべての人たちが一つのチームに収まっていることが、一番理想的だと思います。当社の場合は、チームにいる各担当は、どちらかというとプロジェクトマネジメントのような仕事ばかりしていて、実務にはほとんど関与していません。ベンダーに任せることが多いです。チームの中に、小規模でもいいから機能が集約されているほうが理想的だと思います。

質問者　先ほど言われた事業部というのは、設計開発に対して、上の位置なのでしょうか。横並びでしょうか。

Iさん　私たちと事業部に関しては、ほぼ横の関係だと思ってください。事業部が、新しい企画を出すミッションを持っています。

質問者　それは、ある意味で絶対命令のようなものですか。

Iさん　事業部のミッションは、当社のサービスを大きくしていくことなので、その手段として新しい企画を出していくことがあると思います。一度走りだしているサービスに私たちから口を出すことはあまりありませんが、かなり赤字が膨らんでいて、てこ入れが必要となった際には私たちのチームが出動します。簡単な例で言うと、「どこかの会社を買ってきてくっ付けるから、少しここをうまくやっていこう」というような、てこ入れをしたりします。

質問者　HCDの規格の中には、専門分野の知見がある多様な業種の人たちを巻き込みながら、設計開発をしていくのが望ましいという記述があります。

会社の体系も新しく変わっていきそうなところもあるようなので、より業務がやりやすくなるといいですね。本日は興味深い話をありがとうございました。

11.4 UI デザイナーの J さん
——通信・IT、従業員規模：300 人以下

規格化されていることで、予算を取る際に HCD で進める説明がしやすくなる

質問者 まず、J さんのご経歴を簡単に教えてください。

J さん 現職は、B 向け SaaS ベンダーのデザインセクションのマネージャー職です。主に UI デザインを行う部署で働いています。プロダクトの機能拡張や改善施策の UI を作成していく業務です。これまでは、事業会社や受託会社で UX や UI のデザインを行ってきました。HCD 専門家の認定資格を取得したばかりで、修行中の身です。

質問者 もともと学生時代にデザインや設計の勉強をされていたのですか。

J さん 大学では心理学科で、心理学は比較的広く勉強しましたが、デザイン系については、十数年の現場経験でたたき上げられました。

質問者 最近、HCD の資格を取得したとのことですが、専門家の認定資格取得のきっかけは何だったのでしょうか。

J さん 資格を取得したときは、受託の開発会社でデザイン全般を担当していました。当時は、比較的大きな仕事を受けるようになってきた頃で、トレンドを追ってつくる、手早く表層だけきれいにするという方法に疑問を持ち始めたところでした。勉強していくうちに UX デザインコンサルの会社とタッグを組むことになりました。そこで話をしていくなかで、このような資格があるので、勉強してみるといいかもしれないという助言を受け、それがきっかけになりました。

質問者 では、HCD という考え方そのものを知るようになったのはいつ頃ですか。

J さん HCD-Net の教育事業部主催の基礎講座だったと思います。講師の先生が、初学者向けの 6 日間集中基礎講座をしていました。2010 年代です。

質問者 HCD という考え方はどのように捉えていますか。

J さん 受託の予算取りの段階で HCD の話ができると、非常に効果的です。「このような規格があり、上流でこのような設計をすることが良いです」と

いう説明をすると、非常に説得力があります。小さい会社の場合にはあまり効果がないかもしれませんが、ナショナルクライアントに対して予算取りをするときには、規格に弱いというと語弊がありますが、効果があったという実感があります。

質問者 HCD という概念そのものよりは、ISO や JIS として規格化されていることで、人を動かす力があるという感じでしょうか。

J さん フロントに立つ方にとって、規格化されていると、予算を取るときに上の方への説明がしやすくなるということがあると思います。このような理由でこのパートが必要になり、上流でこのような調査や分析も必要なので、このくらいの期間や費用は必要になります、と説明をするときに、規格で設定されていると、省略はできないという理由付けが容易になります。実際、そのような場合にはよく説明に添えていました。

質問者 実際の業務ではいかがですか。

J さん 実際の業務でも、ステップはきちんと踏んでいました。原則としてこのような規定があるので、調査や分析が必要だと説明したうえで、タスクとして組み込んで、その手順どおりに進めていました。ただ、リリース後の検証については、足りないとは感じていました。受託開発の場合は、渡すと終わりになることが多く、その後の運用は、中の皆さんにお任せする形になります。リリース後に必要な検証については、一応やり方をご説明しますが、実際にそれが行われているかの確認まではできません。

質問者 リリース後の検証をすると、そのフィードバックが来て、次の開発サイクルに影響するという流れもありえますが、実際にはそこまでは行きづらいということでしょうか。

J さん そうですね。初期開発までで終わることが多く、その後の改修は中のリソースで足りるので大丈夫だという話になりがちで、その後を追うのは難しいケースが多いです。

質問者 そうすると、既存のものを改善するというよりは、新規のプロジェクトに携わることが多かったのでしょうか。

J さん そうです。私は UX パートの担当だったので、私のところに来るのは新規開発案件が多く、あるとしても、大型のリニューアルで刷新するよう

な話でした。いわゆる改善案件では、私のパートは省かれて開発スコープの
みの場合が多かったです。

質問者　通常、既存のものがあるほうが、実際の UX を評価や調査できるよ
うに思いますが、新規のものに対する UX の調査はどのように行っていたの
ですか。

J さん　ゼロイチのときは、想定されているユーザにインタビューしたり、
観察調査したりします。最も大変だったのは、工場で使うタブレットアプリ
の開発でした。工場の現況を知る必要があったので、作業している各ライン
の現場で 5 日間にわたって観察調査しました。その観察調査では、各ライン
にはりついて、作業者の代表者 1 名にインタビューし、タイムテーブルをつ
くって、誰が誰とどのような作業をしているかなどを記録し、整理しまし
た。また、そこで実際に作業していた方にインタビューして、潜在的なニー
ズも調査しました。

質問者　導入予定のシステムを使う現場に直接出向いて、現状を観察し、現
場の作業者にとって使いやすいシステムになるように検討されたということ
ですね。

J さん　そうです。

HCD の必要性は認識されていて、HCD のための仕組みができきつ つある

質問者　現在の社内風土として、HCD の導入に適しているという感触はあり
ますか。

J さん　必要性に関しては、皆が認識しており、これから進めていきたいと
いう強い意思を持っているフェーズだと思います。そのあたりの人材を厚く
するために積極的に活動しています。今後も人材を増やす予定はあります
が、HCD プロセス運用のための仕組みは現状ではありません。アンケート
結果に基づいて、このように変えてほしいという指示が下り、その指示に基
づいてデザイナーが設計するというやり方が多くなっていますが、トップか
ら、UX としてあるべきフローに変えていきたいという表明はありました。

質問者　では、専門家もいて、考え方自体は社内にある程度根付いて浸透し

ているという状況でしょうか。

Jさん　はい。私たちが入る以前から、改善施策を考えるポジションの人たちがUXをやらなければならないという情報をキャッチしており、社内での勉強会もあったようです。ですから、手を動かすだけのエンジニアを含めて、すべてのエンジニアにUXを考えなければならないというマインドがあります。ただ、まだ仕組みは不十分です。

質問者　その雰囲気は縦割りですか。それとも、全社に横串を通したような感じなのでしょうか。

Jさん　人数の割には、縦割りです。ただ、非常に強い横のつながりもあるので、セクショナリズムでバチバチにやり合うということはありません。業務領域が縦割りでしっかり分かれているという状態です。

質問者　では、全社でHCDの考え方で進めていこうというマインドを持っているわけではないということですね。

Jさん　そうですね。フロントに立っているチームリーダークラスがミーティングで集まることが多いですが、そのような人たちはすでにHCDを進めていこうというマインドセットを持っていると思います。私たちが会う機会のないメンバーは、そうでないかもしれませんが。

質問者　チームをまとめる人たちがHCDを進めていこうというマインドを持っているなら、そのチームはその考え方に基づいて動きそうですね。

Jさん　はい。ただ、いかんせん仕組みがないので、実際に手を動かす人たちがタスクレベルでそれを感じる機会は少ないと思います。仕組みができあがれば変わるのではないかと期待しています。現在、同僚が一生懸命に仕組みをつくっているので、手伝いたいと思っています。

質問者　HCDやUXに関して、同僚の方との仕事の連携や住み分けはどのようになっていますか。

Jさん　今のところ、船頭がたくさんいる状態で、あちこちから来るリクエストをUIデザイナーがさばいてエンジニアに渡すというフローになっています。UX観点で施策を立案したり、案件の取捨選択をしたりする仕組みが必要だと感じています。

質問者　HCDのプロセスの中の上流の工程を整備していきたいということで

- - - - -

しょうか。

J さん　そうです。目指すべき上流の UX コンセプトが周知されることで、リクエストの質の向上や共通言語化による UI デザインや仕様の認識齟齬の回避が容易になるのではないかと期待しています。

規格での定義が同僚との共通言語になり、規格化されていたから HCD の活動に取り組めた

質問者　さて、規格の話に移りたいと思います。どの段階の規格についてご存じですか。ISO 9241-210 からですか。

J さん　はい。2010 年版の ISO 9241-210 ですね。

質問者　ISO や JIS の規格の内容を知ることが説得の材料になるという話がありましたが、業務の中で、規格があって良かったという具体例はありますか。

J さん　内容で、ということですね。ユーザビリティとは何か、UX とは何かというような、共通言語を使うときには、やはり規格を振り返ります。正しい解釈を確認したうえで、一緒にプロジェクトを推進するステークホルダの方たちと共有します。

質問者　共通言語の土台になるということですか。

J さん　そうです。それと、HCD に関しては、人間中心というフレーズのおかげで、利益中心の施策や、マスマーケ中心で数字だけ追えばいいという考え方を避けられます。現在、在籍している会社はどちらかというとテック中心です。ですから、少し油断すると、機能中心の施策に偏りがちで、伴って UI も変えてくださいという話にもなりがちです。そのなかで、人間中心、ユーザ中心の考え方を繰り返し伝えていくだけでも、徐々にそのような偏りを避けられるのではないかと考えています。

質問者　「人間中心」、「ユーザ中心」という言葉だけでも何か効果がありそうということでしょうか。

J さん　そうですね。加えて、規格化されていることで、規格に説得力を感じる人たちにも説明しやすくなるので、受託会社にいた頃の提案書には必ず書いていました。

質問者　では、規格化されていなかったとすると、HCD の考え方は根付いていたと思いますか。

J さん　規格化されていなかったとしたら、HCD の考え方うんぬん以前に、そのコストはもったいないので、端折れるだけ端折ってくださいと言われていたと思います。

質問者　では、規格化されていることにはそれなりに意義があるのですね。

J さん　はい。私の取り扱った案件や業務では、結構助かっていました。

質問者　いわゆるお墨付きになるということですね。

J さん　そうです。水戸黄門の印籠のようなものです。「ここに ISO があるじゃないか」という感じです。

人によって言葉の使い方が多様で、自分の考えとは異なることもある

質問者　「人間中心」と「ユーザ中心」という二つの言い方の違いと関係についてはどのように考えていますか。ちなみに J さんは、どちらを使うことが多いのでしょうか。

J さん　資格の都合上、「人間中心」を使うほうが多いです。ただ、UX にそれほど精通していない方に対して「人間中心」という言葉を使うと、漢字の羅列から小難しいイメージを持たせてしまうと上から指摘されて、「ユーザ中心」と言い直すことがありました。「人間中心」と書くと「どういう意味ですか」と聞かれることがあります。「ユーザ中心」と書くと、何となく「使う人を中心に考えるということですね」とわかってもらえることのほうが多い印象です。意外ですが、ニュアンスの違いがあり、「ユーザ中心」のほうが受け入れられやすいようです。

質問者　そうですか。では、デザイン思考と HCD との関係性はどのように位置づけていますか。

J さん　コンサル系ワークショップのファシリテーションなどの業務では、デザイン思考を取り入れたワークショップをしたいという要望がたくさんあります。流行という意味では、最近はデザイン思考のほうが時流に乗っている印象がありますね。でも個人的には、デザイン思考は最初の探索型の調査

や評価の部分がふわっとしていて、やりづらいと感じます。私の認識違いかもしれませんが、経験則や感性的なものを重視する方向に振れているようで、冒頭の取っ掛かり部分が個人的には合わないと感じることが多いです。

質問者 それを初学者に教えるのは、さらに難しそうですね。

Jさん そのとおりです。まずはユーザを理解しようと言っているにもかかわらず、手法がいささかフワフワしています。いっそのこと、定量データと定性データをはっきり出して分析するほうがわかりやすい気がします。イメージの話かもしれませんが、そのように思っています。

質問者 特に、デザイン思考でいう最初の共感の段階あたりがふわっとしていると思いますね。

Jさん 何にどう共感すればいいのか、共感とは何かなど、いろいろと考えてしまいます。

質問者 UXとユーザビリティそれぞれの概念については、どのようなイメージを持って使っていますか。

Jさん まさにそれが、組織論的に悩んでいるところです。本当は包括関係で、つながっているので、あまり切り分けようと考えたことはありませんが、分けたほうが皆さんに伝わりやすい場合は分けるようにしています。

　受託のときの経験では、見積もり依頼書や提案依頼書に、今回のテーマとして、サイトをリニューアルしてUXを向上させたいと書いてあることがよくありました。それで、ここでいわれているUXとはどの領域のUXのことかといつも悩んでいました。読み解いていくと、システムや機能の改修によって、検索スピードを改善するといった施策を指しているとわかり、ECなどの購入フローにおけるUXの改善ではあるので、「まあね」という感じにはなりました。それでも、体験全体を向上させるという解釈をしているのであれば、それほど食い違っているわけではないので、許容できるのかなという話も社内ではしていました。

質問者 結局は、ユーザビリティのことをUXと呼んでいる人が結構多いということでしょうか。

Jさん 非常に多いと思います。UX改善というオーダーを紐解いていくと「ここのボタンがね」という話になって、結局ユーザビリティの改善案件な

んです。この人は、ユーザビリティのことを UX と言っていたのか、という感じです。それと、最近は猫もしゃくしも DX ですね。DX の X と UX の X が同じだと思っている人もいます。

質問者 言葉の定義をきちんと理解しないままに、言葉が使われてしまうことがありますよね。

J さん 確かにそうです。

ログから見えないユーザビリティの課題は、カスタマーサポート経由の情報とユーザビリティテストで見つける

質問者 御社の提供しているサービスはどのような形態のものですか。

J さん B 向けの SaaS 製品です。

質問者 ISO の規格では、対象を「製品、サービス、システム」とサービスも含むことになっていますが、サービスに対する設計プロセスと製品に関する設計プロセスは同様に扱うものなのでしょうか。

J さん 確かに設計プロセスが違いますし、プロトタイピングのしやすさや、出してからの修正のしやすさも違います。ものによっては、リコール騒ぎに発展してしまう可能性もありますしね。その意味では、これまでもソフトウェア開発に携わってきたなかでは、現在取り扱っているプロダクトが最も気軽に扱いにくい気がしています。つまり、製品に近い感じになっています。

質問者 少しの UI の変更が基盤の変更にまでつながって、大規模な変更になってしまうということですか。

J さん そうです。万が一にも落ちてしまうと困るので、まず、エンジニアがそのような影響の有無を丁寧に検証しています。データが消えてしまっても困ります。筐体をつくっていたときと同様の手間がかかるんだなぁと思いながら、見ています。

質問者 膨大なログを扱っているということでしたが、ログデータの解析からわかることと、わからないことという観点で見ると、ユーザビリティの問題点はログの中にうまく見えてきますか。

J さん ユーザビリティの課題は、ログからは見えにくいです。ログの推移

でわかることといえば、ログインで手間取っているかどうか、オンボーディングで離脱する人がいるかどうか、といったミクロな事象です。実際にどこでどのような課題があるのかについては、ユーザにテストをしなければ、わかりません。

質問者 では、ロギングと並行したユーザビリティテストは必須のものですか。

Jさん そうです。アクティブ率は監視していますが、それだけを見ていても、なぜアクティブなのかはわからないので、やはり定性データを取る必要があると、皆が感じているようです。

質問者 ユーザビリティ評価以外に、実際に利用しているユーザに対してUX評価やUXの調査を行うことはありますか。

Jさん 準備を整えており、ようやくそれが始まります。営業やCSの部署が、顧客の声を直接拾い、それを顧客の要望として持ってきてくれるのですが、まさにインタビューの禁じ手のように、「顧客からリクエストのあった○○機能を追加してください」というものが下りてきます。それに対しては、一度、評価や分析を挟むように促す、草の根活動をしています。

質問者 企業の規模とも関係しますが、顧客の意見や要望が、カスタマーサービスの部署から開発に回ってくるルートは確立されているのですか。

Jさん 営業の方やカスタマーサポートの方が、顧客から聞いた内容を社内システムに直接打ち込み、社員全員がそれを見ることができる仕組みになっています。月に何万件という単位であります。入力時にざっくりした種別を入れてくれるので、そのタグでフィルタリングして、ユーザビリティだけを拾えば、それなりに良い生データにはなります。

質問者 フィルターをかけて、自分に関連するものを吸い上げていくということでしょうか。

Jさん はい。ユーザビリティの課題の場合、主観的なフィルターがかかっておらず、事実だけを述べているものが多いので、それは信頼できるのではないかと思います。

質問者 UXに関しては、詳しい状況がわからなければ何とも言えないということもありますね。

Jさん はい。利用状況や顧客の特性がわからないので、使うのは難しいと思っています。

質問者 御社のソフトウェアプロダクトのユーザは、パソコンよりもスマートフォンを使うことが多いですか。

Jさん B向けのサービスで、企業と契約するものなので、通常はPC版を使うほうが多いようです。

質問者 では、利用状況の観察は比較的容易に行えますか。

Jさん そうですね。契約している顧客にお願いすれば可能だと思います。ITリテラシーが高いお客様ばかりではないのですが、気を使って説明し過ぎると、情報量が多くなって、逆に使いづらくなります。実は、そのあたりのさじ加減がよくわかっていないので、今後調査したいと思っています。

規格がより具体的な内容で、ガイドラインのような側面を持つと、実務に活用しやすい

質問者 再度、規格の話に戻りますが、HCDの規格のISO 13407が1999年に出されてから、約10年おきに規格が改訂されている状況ですが、それについてはどのように思いますか。

Jさん やはり10年かかるのだろうなと思うしかないという感じです。きっと話し合いや取りまとめが大変なのでしょう。でもこの業界は日進月歩なので、ここ最近は、1年で多くのことが形骸化する気がしています。スピードが速くて追いつきません。

質問者 現場でシステムやユーザの動きを見ていて、規格に取り入れてほしいこと、あるいは規格を変えてほしいことなど、規格に対して何か要望はありますか。

Jさん 現在、スマートフォンアプリを設計する場合にはAppleやGoogleが出しているガイドラインなどを参照するようにしています。最新デバイスにおけるユーザビリティのあり方は、おそらく少しずつ変遷しており、新しい端末を出す度に少しずつ変わっていて、世の中のITリテラシーやUIのスタンダードはスマホでオンボードされている印象があります。

質問者 Appleのガイドラインの最新のものにISOのユーザビリティの考え

方とは異なっているところがありますか。

Jさん　ガイドラインも、デザインポリシー的なものだという点では似ています。でも、有効性や効率を高めるために、パーツの大きさや、色の彩度や明度のコントラストについての例示や詳細を述べているので、How の方面では違いがあります。

質問者　ガイドラインも変更されますが、根本はそれほど変わらないものなのでしょうか。

Jさん　根本は変わっていませんが、言い回しは少しずつ変わっています。以前は、「わかりやすくすることが一番だ」と言っていましたが、最近では、「直感的にわかるようなシンプルさが一番だ」と言うようになっています。例えば、以前は、タブのメニューの所はアイコンの下に文字が書かれていましたが、現在は「直感的にわかるシンプルさが一番だ」と言われているので、アイコンのみになっています。

質問者　それはわかりやすさを犠牲にしてまでも、シンプルさを求めるというようにも受け取れますね。

Jさん　はい、そのようなトレンドもあるので、先ほど言ったように、IT リテラシーが低い方をターゲットユーザにしたプロダクトをつくるときに、どこまでシンプルにするのが正解か、付加情報をどこまで入れるのがユーザビリティとして適正なのかということが問題になります。例えば、有効性は担保できていても、効率は下がっていることもあり得るのではないかと考えたりもします。なので、正しい方向性を掲げてほしいと思います。そのような意味で規格をあてにしてしまいます。

質問者　そのようになれば、単なるお墨付きだけではなく、実際にも役立つものになるということですね。

Jさん　そうです。実務にフル活用できるようになります。

質問者　なるほど。規格の場合は、概念の定義や一般的な指針がメインになるので、具体的な例示があるガイドラインのほうが、実務上は使いやすいのかもしれませんね。社内でちょうど、HCD のための仕組みが整いつつあるとのことですので、独自のガイドラインなどを作成されるのも良さそうですね。本日はどうもありがとうございました。

11.5　デザインコンサルタント／デザイナーのKさん
──デザインコンサルティング、従業員規模：300人以下

クライアントと共に上流からデザインを考える

質問者　まず、御社では、会社全体としてデザインコンサルティングを行っているのでしょうか。

Kさん　当社はデザイン会社ですが、ソフトウェアのデザインのみを手掛けています。昨今で最も典型的な仕事としては、様々なメーカーや事業者、あるいはソフトウェアベンダー、SIerといった組織がソフトウェアプロダクトをつくる際に、主にUIに関して、どのような設計がいいのかという相談があって、UIデザインを一緒につくるというものです。UIといっても、画面のレイアウト等だけではなく、プロダクトそもそものコンセプトや、要求分析、それ以前のリサーチを一緒に行い、コンセプトを一緒につくることもあります。デザインやそのプロセスをどのように考えたらよいのかということを、事業者組織に対してアドバイスしたり、一緒に考えたりしています。ですから、制作会社に近いような仕事もありますが、私たちとしてはデザインコンサルティングという立場で、主に一緒に調査をしたりアドバイスをしたりしています。

質問者　UIをデザインする前の過程も一緒にやりつつ、設計もデザインも含めたコンサルティングを行うような形ですか。

Kさん　そうですね。IT系のコンサルティングのように、大きなシステムのアーキテクチャーを設計するというわけではないです。そういった技術の実装寄りではなく、デザインという観点で、できるだけ上流から入って、お客さまと一緒に活動していく形です。

質問者　依頼形態としては、丸投げに近いものはないのでしょうか。

Kさん　丸投げはほとんどありません。私たちの会社も少人数で行っていますので、どちらかというとデザイン顧問的な立場で、特定プロダクト、特定プロジェクト単位で入ります。

質問者　クライアントのなかには、開発部署を持っていない所もありますか。

Kさん 開発部署を持っていない所も多いです。そういった所は、例えば、業務系のアプリケーションであれば、いわゆるユーザ部門の方が、通常はシステム会社に依頼しているけれども、いつも変なデザインばかり上がってきて困っているということでご相談があり、間に入るというよりは、クライアント側に入って、システム会社に対する RFP（Request for Proposal）を一緒につくるとか、要求仕様みたいなものを一緒につくるというようなことをしています。あるいは、それ以前に、プロダクトのデザインコンセプトのようなものを一緒につくったり、デザインのレギュレーションといいますか、デザインシステムのような観点で何か事前につくり、それをシステム会社に提供したりします。

HCD の概念はソフトウェアの分野ではかなり知られている

質問者 業務の中では、HCD という考え方はどのように扱われていますか。

Kさん お恥ずかしながら、規格という意味では、私個人として HCD について、あまり深く考えたことや調べたことがありませんので、そこまで専門的な知識は持っていません。

　まず、そもそも仕事の面で、私たちの会社に相談を持ちかけてくるようなお客さまというのは、会社レベルではなく担当者レベルが多いからかもしれませんが、ソフトウェアのプロダクトではデザインが重要だと考えている、あるいはソフトウェアのデザインを専門的に行っている人にアドバイスを求めるべきだ、という価値観をすでにある程度持っている方ばかりです。そういった意味では、HCD という言葉は使っていないかもしれませんが、「ユーザビリティ」や「デザイン思考」といった言葉はすでに知っていて、それらが大事だという認識を持っている方がお客さまになります。ですから、HCD が大事だという感覚を全く持っていない人にあえて啓発していくことは、したことがないのです。

質問者 Kさんご自身は、HCD という考え方については、どのような考えをお持ちですか。

Kさん 先ほど、仕事の上でそこを一から説明することはあまりないとは言

いましたが、例えば、企業のプロダクトの担当者、あるいはサービスの担当者レベルの方から、デザインの重要性や、昨今、世の中でどのようにそういったテーマが扱われているかについて、経営者層やマネジメント層に対して社内セミナーを行って欲しいという相談はよくあります。そういったなかでは、当然、「HCD」という言葉を説明することがあり、ISO の HCD の活動の図を見せることもあります。言ってみれば、ユーザにとって使いにくかったらつくる意味はない、というそもそもの価値観を与えるというか、前提を確認するために、「HCD」という言葉を使います。すでに国際標準の規格にもなっていることを強調するために、「HCD」という言葉を使っています。

質問者 HCD の概念が規格化されているということは便利なことですか。

Kさん HCD-Net ができて以降、ここ 10 年くらいは、少なくとも私の関係しているお客さまの間では、「HCD」という言葉自体はかなり知られていると思いますし、そういった意味では、HCD-Net をきっかけに「HCD」という言葉が広まっているのだと思います。それなりに広報活動がうまくいっているのでしょうね。お客さまの社内でも HCD 専門家の認定資格を何人か取得しているという話も聞きます。

　世の中全体で見れば、私たちの会社に声を掛けてくるお客さまは特殊なのかもしれません。ただ、HCD やその関連概念、規格の存在などを知らない方ももちろんいますので、そういった方に対しては確かに便利な言葉です。そういったものが世の中にあり、それが規格化されているということを言えるのは良いと思います。

　私たちが行っているのはデザインの作業なので、結構ファジーというか、何でもありの世界です。クリエイティブな世界ですから。そのようななかでも、一つ工学的というか、きちんと研究されている分野で、方法論として、ある程度標準化されていると言えるのは大きいと思います。それがないと、ただのデザイナーという感じで、職能というか職域自体を重視してもらえないと思います。

質問者 規格化されていることで、ある程度の説得感を持った形で HCD を説明しやすい側面が生まれるということですね。

Kさん そうですね。それはあると思います。

質問者 HCDのほかに、「デザイン思考」という言葉もありますが、それとの違いはいかがでしょうか。

Kさん このあたりの言葉の捉え方は人それぞれですが、私個人の考えを述べます。私は、言葉としては、「ユーザセンタードデザイン」という言葉を最初に知りました。ユーザ中心ということです。おそらく、今のUXPA（User Experience Professionals Association）、当時のUPA（Usability Professionals´ Association）などが2000年前後にユーザセンタードデザインと言っていたと思います。

そのなかで、きちんとユーザの要求を捉えようとか、途中でうまくいかなかったら戻ってやり直そうという形で、反復性、プロジェクトを繰り返す、再帰性などの話がありました。そのような考え方があるのだなと思っていました。

HCDは、ISOの13407が出た頃、言葉としてそのようなものがあると知りました。しかし、ご存じのように、昨今は、UXのデザインプロセス、デザイン手法のような形で、もともとUCDやHCDのなかで言われていた考え方が、UXと混同して扱われてしまっていると思います。以前はUXとは言っていなかったのに、と思います。HCDもしくはUCDと言っていたものを、今、UXデザインと言っているだけのように思っています。

デザイン思考に関しては、私の感覚というのか、私がやりとりしている人たちの間では、デザイン思考とHCDをつなげ、同じもの、もしくは近いものだと言っている人はあまりいない気がしています。デザイン思考という言葉を使っている人たちは、HCDという言葉を知らないのでは、という気もします。

質問者 概念としては似たようなところがありつつも、別の分野で使われているという感じでしょうか。

Kさん おそらく、HCDは、ISOで扱われていることからも、大規模なシステム開発に対して、組織的にどのように取り組むかというテーマだと思います。システム開発業界の言葉という印象が私にはありますね。デザイン思考というと、イノベーションとか、グロースハック（Growth Hacking）と

か、マーケティング寄りのテーマで、そういった分野の間で主に使われ、好まれている言葉だという気がします。

質問者 Kさんとしては、「HCD」よりも「UCD」という言い方のほうが、スッキリすると感じますか。

Kさん そういうわけでもありません。「ユーザ中心」といった場合、ユーザにとって使いにくかったら意味がないというのはそのとおりだと思います。しかし、もはやその価値観は当たり前になってしまっていると思います。何か製品をつくったときに、使いにくくてもいいとか、仕方ないと思う人は、もういないのでは、とも思います。ですから、ユーザ中心というのは普通のことで、わざわざ言うのも変というか、わざわざ言う意味がよくわかりません。今は、良いデザインとは使いやすいものと、ほとんどの人が認識していると思います。

例えば工業製品や公共系のシステム、企業の中の業務系のシステムというのは、やらなければいけない仕事があり、そのための道具をつくります。もちろん、道具を使ってその仕事がうまくできるということがゴールだと思います。しかし、2000年以降のことだと思いますが、ユーザビリティ、UXという言葉は、Webサイトで商品の購入ボタンを大きくして押しやすくするというような、どうやってモノを売るかという広告的な効果や、レコメンデーション等も含め、買いやすくすることで消費を促すテクニックのことだと捉えられている気がします。ニールセンの罪でもあると思いますが、そのようなツールと捉えている人がなかにはいると思います。

そういったものと、規格で言っているようなHCDは、同じようなテーマだけれども、価値観としては真逆だという気がしています。売るためのものというよりは、道具としての利用性、使う人をどのようにエンパワーするかといった観点での、「人間中心」というものであると。ユーザを半分だまして売りつけるようなものは駄目だというサービス倫理、デザインとしての人道性のような意味でのヒューマンだということが、どこかでもっと強調されてもよいのではと思います。

「UX」という言葉の意味が多様化してしまっているので、使わないことにしている

質問者　先ほどお話しになった「UX デザイン」という言葉は、かなり広く使われるようになってきています。これについては、K さんはどのように感じていますか。

K さん　うちでは、7 ～ 8 年前に社内で話して、「UX」という言葉を使わなくなりました。

質問者　社内では、ということですか。

K さん　社内でもそうですし、対外的にも、「UX」という言い方はしなくなりましたね。「UX」が怪しい言葉になってきて、これはむしろ使わないほうがきちんとしているように見られるかなと思いました。

　「UX」という言葉はありますが、「UX デザイン」と言ったときに、まず、エクスペリエンスをデザインできるのかという疑問もありますし、仮に UX をデザインしようとしたとしても、世の中ではかなり多様な使われ方をしてしまっているので、捉えられ方が人によってあまりにも異なってしまうと思いました。その言葉を使って、「私たちの会社は UX の会社です」と説明したときに、話がずれてしまうことが多かったのです。

　ご存じのように、ピュアなユーザビリティという意味で使う方もいるし、もう少しイノベーティブな世界だと言う方もいます。また、言い方は悪いのですが、とっぴな発想で、主婦の便利な発明のようなものをイメージする方もいます。ナッジ理論的に、ユーザに対して、ユーザの行動を無意識に誘導するテクニック、行動経済学がどうしたというように言う方もいて、あまりに様々です。

質問者　「UX」という言葉が独り歩きし過ぎて、それぞれの捉え方が違った結果、共通認識を持った言葉として使えない状態になってしまったということでしょうか。

K さん　そのように様々な使い方をされていることを、きちんと理解している方であればもちろん話せますが、新しい言葉として、その方なりの解釈でどんどん使いたがる方もいます。そうなってしまうと、そのあたりの専門家

の身としては、少し困ってしまいますね。何から話してよいのかと。

質問者　UX については、ISO 9241-210 の 2010 年のバージョンから、一応、定義は載せていますが、規格の中での定義というのはあまり役に立っていないのでしょうか。

Kさん　おそらく、ユーザビリティの定義ほど広まっていない気がします。UX の定義については、本などにもあまり載っていない気がします。定義自体はいいと思います。ただし、ユーザビリティもそうですが、どうしても、様々な捉え方をされているものを包含するような定義になってしまい、やや曖昧なところは残っていると思います。

質問者　ユーザビリティについては、すでにユーザビリティの定義を提唱している方はいたものの、1998 年に ISO 9241-11 という形で定義が出された後に世の中に浸透していったという経緯がありますよね。それに対して UX の場合には、先に言葉が世の中で使われるようになって、ISO での定義が後出しになってしまったことや、UX 自体を規定した規格ではないということが関係していると思いますか。

Kさん　それは大きく関係していると思います。

質問者　ユーザビリティと HCD、あるいは UX、それぞれの関係性はどのように捉えていますか。

Kさん　私が付き合いのあるお客さまは、ある程度、そのような言葉があることを知っている方々ですが、皆さん、おそらく違いがわかっていないと思います。私の同僚や自分の観点でも、かなり似ている概念だととらえています。言葉が違うので、例えば、UX は使用者の経験という意味で、ユーザビリティは利用可能性、使用性、使い勝手、使いやすさという意味、のように、言葉の意味の違い程度の認識です。使い方次第で、同じように使えてしまうものだと思っています。

HCD の規格は、準拠すべきというより、良いデザインを生むためのツール

質問者　ユーザビリティの定義をした ISO 9241-11 という規格が 2018 年に改定されました。それに伴って、HCD を規定している ISO 9241-210 も

2019 年に改定されました。こういった規格の改定の流れは、それぞれフォローしていますか。

Kさん　細かなところまでは調べていません。ネットに掲載された記事を読んで把握している程度です。

質問者　規格というものは、活動を方向づけたり縛ったりするような強い力はなく、参考程度というような位置づけになりますか。

Kさん　そのとおりです。規格にこう書いてあるからこうしなければという発想になることはありません。恥ずかしながら、そもそも、規格の原文をきちんと読み込んでいない、ということも理由にあるとは思います。ただ、最初に言ったように、デザインはやり方が様々あるし、ゴールも様々なので、基本的な価値観、もしくはざっくりとした方法論としてこのようなものが規格化されていることを足掛かりにして、だからデザインをきちんとしなければいけないのかというように、お客さまとの間で意識を合わせるうえでの一種のツールになっています。

　お客さまとのやりとりの中でも、大手のメーカーであっても、HCD の規格の内容について、厳密にそれに準拠しなければという考えを持った方とは会ったことがありません。HCD に関しては、例えば、工業製品の部品をつくるための規格や、組織の安全性の規格、セキュリティなどのように、これが満たされていなければ駄目だという、検査の機会がほとんどありません。なので規格の細かい部分については気にしない感じです。

質問者　HCD の規格の図の中には、利用状況を理解したり、要求事項をまとめたりという部分がありますが、業務の中で、実際にユーザ調査を実施することはありますか。

Kさん　事前調査は、もちろんあります。もともと、「HCD」という言葉が広まる前から、システム開発の分野では、どうやってユーザの要求事項を要件化するかというやり方が様々あったと思います。私たちの会社が取り組む仕事は、業務アプリケーションが多いのです。そういった意味では、まず業務というものがあり、そのためにシステムをつくるという流れです。

質問者　特殊なものであることが多いので、業務内容やシステムで何を行うのかを、きちんと聞かなければいけないということでしょうか。

Kさん　このようなことをやりたい、という目的がある程度はっきりしているとか、アナログな、紙で行っていた作業を画面上で行いたいとか、デジタルな状況でそもそもやり方を変えたいなど、ケース・バイ・ケースですが、もともと何らかの業務がある、もしくは業務で満たすべき仕事上の要求事項がはっきりあって、そのための何かをつくることが多いです。なので、そもそも業務中に何を行っているのかとか、その業務を行っている理由は何かをインタビューしたり、現行システムのユーザビリティテストをしたりして、要求を把握するフェーズは当然あります。

　これがコンシューマー向けのアプリケーションであれば難しいところですが、私たちの会社の場合は業務系のアプリケーションがほとんどですので、事前の調査は行います。

質問者　その調査を行うにあたり、社内で活動のガイドラインや、社内的なプロセスモデルのような枠組みは用意されていますか。

Kさん　あります。私たちの会社の場合、お客さまとなる様々な会社から相談を受け、こちらとしては、そうであれば最初にこのような取り組みをして、その結果を見てこのようなことをしよう、というデザインの様々な段取りをまず行います。その提案はある程度パターン化されていますから、それが取り組みのフレームになっていると思います。

質問者　それは社内研修やOJTなどで教育されているのでしょうか。

Kさん　OJTが多いです。お客さまからこのような話があった場合に、今までの提案パターンではこのようなものがあったという形で社内のメンバーと共有して、今回はそれを少しアレンジしてこのようにしよう、というふうに、毎回少しずつアレンジしながら、過去のものをベースに、OJTで一緒に提案を行います。

評価の結果として戻りが発生するのではなく、反復も事前に工程に含めて計画

質問者　ユーザビリティ評価や安全性の評価とは別に、HCDの中で行われるような、要求事項に照らした形での評価がありますよね。その中にユーザビリティ評価が含まれることもありますが、それはどのように実践されていま

すか。

Kさん　よくあるのは、ある業務のためのシステムをつくろうとしている場合です。デザイン面を見てください、と呼ばれます。その際、すでに過去のバージョンのシステムがある場合、これの問題は何か、というふうに、それを運用している担当の方が把握もしくは認識している問題を聞きます。それだけでは本当かどうかわからないので、実際使っている人の様子を見たり、インタビューしたりもします。あるいは、ログのような定量的なものがあればそれを分析する、サポート担当の所に集まっている様々な要求をまとめるなど、そのようなことをして現状を把握します。

　その次に、どのようにすればその問題が解決するのか、もしくは、新しく加えたい機能なり考え方なりを、どうすればそこにうまく織り込めるのかとざっくりとしたコンセプトデザインのようなものをします。それを基に、とてもラフな、いわゆるペーパープロトタイプ的なものを作成します。最近は、ペーパーではなく画面上ですが、紙芝居的な画面のプロトタイプを作成します。それを実際に使うユーザに見てもらいながらやりとりして、お話を聞きます。実際には動かないので、厳密な意味でのユーザビリティ評価にはなりませんが、ざっくりとした観点で、デザインがぴんと来るか来ないかという意見を聞くことはできます。それが一つの評価だと思います。コンセプトデザインの方向性が、ある程度良いのかどうかを、そういった形で評価します。

質問者　その評価の結果によって、デザイン案をつくり直すところに戻ることもありますか。

Kさん　戻ることもありますが、戻るためには、あらかじめ、何回戻るかを決めておかないとスケジュールの目途が立ちません。HCDの開発サイクルとしては、ここで駄目ならここまで戻りなさい、というものがありますが、例えば、最後のほうまで行ってから、最初に戻るということはありません。

　大きな規模のもので、半年～1年、場合によっては2年～3年かけてつくるようなものでは、1年戻りますということは一般的には考えられません。ですから、ある程度、ここで一度戻りますと事前に決めておきます。そこが反復的なプロセスの考え方と現実とのギャップだと思います。

－－－－－

質問者　事前に、開発期間の中で、戻る可能性がありそうな場合には、あらかじめ戻りも組み込んだスケジュールを出して進めていかないと、なかなか難しいということですか。

Kさん　そうですね。ですから、駄目だったら戻るというよりは、事前に戻ることにしておきます。ここで一度戻ります、と形で計画しておくわけです。特に直すところがなければそのまま進んでよいのですが、何かしらあるだろうと仮定して、戻ることを前提にしています。

とはいっても、システム開発案件のようなものだと、いわゆるウォーターフォール型に設計されています。しかも多くの場合、デザインフェーズの優先度は高くありません。ですから、途中でデザインのやり直しをするというよりも、デザインを2段階で行いましょうという言い方で、プロセスに組み込みます。それも、先ほど申し上げたように、大幅には戻れないので、2週間〜1カ月程度のデザイン作業をやり直す程度です。プロジェクト全体に1年〜2年かけて何かをつくる場合にも、デザイン主導で大幅に戻るということは難しく、こっそりここだけ少し戻るというレベルになります。

質問者　伝統的に、大規模システムについては、ウォーターフォールの考え方がありましたが、Kさんとしては、規模の大きなものについてはウォーターフォール型の開発が合っているとお考えでしょうか。

Kさん　ウォーターフォールでないとつくれないのではと思います。

質問者　お客さまの中には、要求をまとめてつくって、それだけでよいという考え方を持った方もいるでしょう。そうした方に対して、ユーザについてきちんと調査をしましょうとか、つくったものを評価するために1〜2回は戻しますという形で、納期を遅らせる、時間の幅を広く取ることを説得することはありますか。

Kさん　そのようなケースが多いと思います。戻るという言い方はせず、ここは2回やります、2回ユーザに見せますという言い方をします。あとは、よく言われることだと思いますが、ある程度できあがってしまったシステムに対して、ユーザビリティテストをした結果、そこで重大な問題が見つかってももう直せません。ですから、直せないことが見つかってしまうと困るから、あまりやらないわけです。様々な立場があると思いますが、デザインし

- - - - -

た立場でテストもすると、問題が起きた際、デザインした人のデザインが悪いからということになってしまって、自分の首を絞めてしまう部分があります。どのような役割でそのプロジェクトに入るのかにもよりますが、自分が主体的にデザインする立場であり、かつもう直すタイミングがないことが明らかな場合には、あまり熱心にウォーターフォール終盤でのユーザビリティテストはしません。

　現行システムをテストしてまず問題点を把握しようとする場合、こちらとしては、現行システムを見た段階で、ここをこうしたほうが絶対に良いという部分がわかっていることもあります。そういったときには、あえてその問題が顕在化するようなテストのプロトコルを考えるというやり方もします。

質問者　そうすると、新規のものと比較して、既存のシステムが事前にある場合のほうが、HCD に沿ったような形でプロジェクトが進めやすいのでしょうか。

Kさん　現行システムがある場合には、最初にユーザビリティテストができるので、あったほうがもちろん進めやすいです。その場合には、ヒューリスティック評価をすることも多いです。

質問者　評価という点では、規格の中では、リリースしてから半年〜1年程度経過してから、今でいうと UX 調査に近いものを進めていくことになりますね。そういったことはできるのですか。開発契約の中に含められるのか、あるいは、保守という契約の中に含めるのですか。

人工物の特徴によって適用できる HCD のエッセンスが異なり、それを計画する際の戦略も異なる

Kさん　これは、もしかしたら提案の仕方が悪いのかもしれませんが、これまでの経験では、何かをつくり終わり、半年後にそのユーザビリティテストを行うということはほぼありません。つくり終わった段階で気持ちが終わってしまうというのもありますし、実際の開発サイクルから言っても、何かを頑張ってつくり終わり、その数カ月後にまたつくり直すということは、一般的な予算配分においては、私の経験上あまりありません。もちろん、システムの規模にもよると思います。大きなものであれば、5年後にリニューアル

する際にテストする、それまでは何もしないという形が多いと思います。

質問者 取り扱っているのが、業務システムがメインであるから、ということですか。

Kさん そうですね。一方で、昨今、スタートアップで、様々なクラウドビジネス系の案件が増えてきています。クラウドビジネス系の会社の多くは現代風の考え方で、もともとの開発のやり方として常に改善し続けるということを実践しているので、常日頃、一般的なログ分析のようなものも含めてデザインの評価は行っていると思います。そういった所のお客さまは、まだ私たちの会社では多くありません。デザインの顧問契約のような形で、定期的にアドバイスをすることはよくありますが、実際の開発のやり方、あるいは評価の実施自体に私たちの会社が入っていくことは、スタートアップ系では多くありません。

質問者 長期的なユーザビリティ評価や UX 調査はあまりされないとのことでした。しかし、納入された際には意外と評価が良かったけれども、使っていくうちに様々な問題が出てくるとか、新たな要求が出てくる場合もあると思います。このような場合、まず調査を行うのですか。調査した結果で、新たな案件としてまた受注することになるのですか。

Kさん ユーザビリティテストを定期的にするということは、皆さんあまりしていないかと思います。ユーザビリティテストをすること自体コストが大きいというか、面倒くさいというか。経験者でないとモデレーションもできないですし。ユーザを集めるのが大変だというのもあると思います。ただ、業務系のアプリケーションだと、使っている人から IT 系の部門に様々な質問や要望が寄せられます。そうしたユーザの声をためて、一度終わったプロジェクトの 3 カ月後、半年後に再度連絡が来ます。運用していたらこのような質問や要望が来ているのだけれども、どうしたらいいかと、新規案件として受注することはよくあります。

質問者 HCD を知っていて、それでお願いします、というようなクライアントだと、HCD でできること以上を期待されてしまうことはありませんか。

Kさん あまりありませんが、「HCD」という言葉を知っている方というのは、組織の中で担当者レベル、デザインの部門や、システム企画のような所

で仕事をしています。最近になって、「デザイン思考」といった言葉もあると知ったような方です。実際の決裁者やプロダクトのオーナーレベルの方は、そもそもそのような言葉を知りません。仕事をするなかで、担当者との間でやりとりをしているうえではいいのですが、大きめの案件になると、決裁者が上の方になります。そうすると、なぜデザインにそれほどのお金をかけるのかという話になってきます。それで、今、これが大事なのですという話をした際に、クライアント側の期待値が大きくなり過ぎてしまうということは、なきにしもあらずです。しかし、そこまで問題になることはありません。

　先ほどの話のように、最近、スタートアップ系の企業とデザイン顧問契約をすることが増えてきています。それらの企業には、デザインチームというものがすでに社内にあります。5人から10人で、常日頃、自社サービスとデザインに取り組んでいます。テスティングのようなものもその人たちなりに努力していて、自分たちでデザインを活かすためにルールをつくる、といったこともされています。しかし、常日頃悩ましいことが起こるので、外部のアドバイザーが欲しいということで契約させてもらっています。そうなると、一応、コンサルタントではありますが、どちらかというとチームメンバの一員という形で、定期的に外部からやって来て、自分たちの知らない事例や原則論などを教えてくれる人という位置づけになります。デザインの中身の話にしろ、これだという答えがない悩ましい話もたくさんあります。こちらとしても、それはよくある悩みだと、答えは言えないものの一緒になって考える、というファシリテーター的な役割としての、外部のデザイナーという側面もあります。

質問者　ISO や JIS の規格について、まだこのような枠組みが欲しいとか、このようなことについての規格が欲しいなどの、将来の改定への期待や改善要求はありますか。

Kさん　要望というよりは、現実とのギャップというところですね。プロセスを規格化するというのは、ある意味、工業製品として満たすべき要求事項があらかじめ定められていて、それが何かを特定し、それを満たすための段取りをつくっていくというおおよその流れがあると思います。そのこと自体

と反復性がうまく整合しないことが現実では多いです。何かつくらなければいけないものがあるのに、反復していたらつくれないし終わりません。実際の現場ではそのようなことがあると思います。ですから、最初に戻るというようなことはやめてほしいです。さすがに戻れないと思いますし。難しいですが、大規模なものをつくるときには、もう少し線形的に、これ以上戻れないということを考慮した考え方があると良いです。

　一方で、クラウド系のサービスや、スマートフォンのアプリケーションのようなものであれば、どんどんアップデートしていける話だと思います。そういったものは、アジャイル開発のように、毎週つくり直す、毎月つくり直すということができます。そのような世界と大規模なものとでは、やり方が大きく違うので、そういったことが反映されていると、より現実に即したものになるかと思います。

質問者　最後に、K さんから、これだけは言っておきたいということはありますか。

K さん　HCD と言いますが、何に対しての人間中心なのかということが曖昧だと思います。読み込んだらわかることなのかもしれませんが、「人間中心」という言葉は何に対して言っているのか、人間中心でないものがあるとすればそれは何が中心なのかといったことは、素朴な疑問として皆さんが感じているのではと思います。

質問者　様々なお話を伺うことができました。限られた期間の中で、戻るという形ではなく、反復もできるように組み込んで工夫して実践されているのが印象的でした。ありがとうございました。

11.6 マーケティングリサーチャーのLさん
──マーケティングリサーチ、従業員規模：300人以下

企業の商品開発担当から、調査会社で実践を積みながら勉強し、独立

質問者 Lさんはマーケティング会社を経営されているということでしたね。

Lさん はい、非常に範囲の狭いマーケティング会社です。商品開発の手助けをする小さな会社をつくることを考えて、始めました。大きな会社には、おおよその内容を予測するような、小さな仕事のニーズがあります。その当たりをつけるところで、先のことを考えたり、全く違う方向を考えたりすることを丁寧に行っていました。定点観察調査もしています。現在はコロナ対応で止まっていますが、店舗内での商品調査や人の観察、ポップの観察などを定点的に長く行っています。

質問者 対象とされているのは、サービスよりはプロダクトが中心ですか。

Lさん プロダクトです。対象は、最初からコンビニエンスストアやスーパーで販売するものについての調査が主でした。あとから、通販なども入ってきました。ネットショッピングというよりは、通販サイトで販売している商品です。売る方法よりは商品そのものについてです。商品を使うお客さまの気持ちの変化や、お客さまの視点はどこかなどを調査しています。

質問者 会社は創業から何年くらいで、その前はどのようなことをされていましたか。

Lさん 創業28年です。その前は、企業の商品開発部にいました。ブランドマネジャー的な仕事をする会社で、自分で調査の依頼をする部署でアシスタントをしていました。そのような形で調査会社との付き合いは以前からありました。その調査会社では、主としてグループインタビューを行っていました。

しかし、大学ではマーケティングを学んではおらず、専門外でした。企業に採用され、そのような部署に所属し、調査会社や印刷会社、広告代理店などとの付き合いの中から、実践で学びました。そのような経歴ですので、きちんとした勉強をしていないというコンプレックスがあり、自分で勉強しよ

うという気持ちはありました。周りにいる調査会社の方々は心理学や経済学などのバックボーンがありましたが、私にはありませんでしたので、本を読んだり、人に質問したりして勉強を始めました。

　そのなかで、会社から機会をいただき、マーケティング研究会にも参加させてもらいました。非常に調査が難しいといわれている嗜好品の分野の人たちと一緒に勉強会をして、たばこやフレーバーを扱う人たちとの付き合いが長くなりました。独立後は、女性に関する嗜好品などについて、グループインタビューの仕事を受けました。会社をつくる前にも、非常に短い期間でしたが自由な時間があり、いくつかの調査会社でアシスタントをさせてもらいました。インタビューやテープ起こし、それを分析するときも、アシスタントとしてそばで見て、教えてもらったり、意見を出したりしました。独立すると、ますます勉強しなくてはならなくて、自分なりにマニュアルを作成しました。すると、さらにわからないことが多く出てきますので、また質問しに行ったり、教えてもらったりして、そのように勉強してきました。

質問者　まさに、実践のなかで勉強をしてこられた感じなのですね。

Lさん　仕事を受けながら勉強していましたので、非常にぜいたくでした。でも、難しい要求の仕事もありました。嗜好品の調査のとき、普通のインタビューをするインタビュアーは他にもいるので、「普通ではないインタビュー」をしてくださいと言われました。要は、質問しないで聞きだして欲しいということです。

　マーケティングと社会学と、2つの系統で勉強していて、社会学系統の集まりでは、1990年から2000年にかけて、こんな話がありました。大手電機メーカーを中心として、インターネットが発達してくるので、これから起業する方や、小さなオフィスの方たちを対象に、インターネットと社会をどのように考えるかを研究するという内容です。研究の発注元は、研究機関でした。デザイン会社や社会研究をしている方たち、建築デザイナーなどの4つの会社が集まっていて、私も参加していました。

　この研究は、最終的にはWebマガジンになり本にまとめられました。90年代は、そのような研究に参加するなかで、アフォーダンスや様々なことに出会いました。並行して、たばこや匂いなどの嗜好品のインタビューを仮説

なしで行うとどうなるか、試してみなさいという話になりました。自由に話してもらうとはどのようなことか、そこに人がいるだけで、相手が話したくなるとはどのようなことなのか。話した末に、楽しかったと言って帰ってもらう、もしくは、自分のこれまで生きてきたなかで、今、話をしたことで、これを自分が大事にしていたことがわかりました、というようなラストを迎えられるにはどうすればいいかを考えなさいと言われ、かなり長い間、それに取り組みました。また、行動観察も同時にしていました。ビデオカメラをセッティングして、子どもの食事風景や子どものいる家族の食事風景を撮って、会話を集めて、分析しました。そのようななかで勉強をして、様々なインタビューの手法も知り、実践のなかで学んだ感じです。

質問者 実践で学びつつ、研究会でさらに刺激を受け、もっと広がっていったんですね。

Lさん また、先ほど言ったように、スーパーマーケットやコンビニエンスストアなどの定点調査も行っていたので、そこにも時間は使っていました。

HCDとの接点は上流工程のユーザ調査にあるが、クライアントの目的の適切な把握にHCDの考え方が役立った

質問者 そのようななかで「HCD」というキーワードと出会ったのはいつ頃で、どのようなことがきっかけだったのでしょうか。

Lさん いつ頃かははっきりしませんが、まず「ユニバーサルデザイン（UD）」と出会いました。2010年か2011年頃にUDを勉強して、その周辺も学び始めたときに、「UCD」や「HCD」という言葉を知りました。なので、「HCD」という言葉に出会ったのは少し後の2011年か2012年頃でしょうか。その後でさらに、2013年に刊行された『感性工学ハンドブック』の中に「HCD」の項目があり、それがきっかけで関連する講座に参加するなどして学んでいきました。

質問者 2010年代に入って、HCDという概念に触れたのですね。『感性工学ハンドブック』以外に契機になった本などはありますか。

Lさん 大体はインターネット経由のような気もします。

質問者 ISOやJISの規格に書かれているHCDという概念との接点はどの

ようなものでしたか。

Lさん　実は規格自体は、使い道がそれほどありません。どのように使っているかというと、インタビューの仕事を受けるときには、まず商品の何が知りたいのかというオリエンテーションを受けます。オリエンテーションを受けたときには、わかったような気がしますが、まだまだわからないことも多くあります。ですので、そのときにきめ細かくやり取りをしなくてはなりません。そのやり取りのなかで、位置づけや目的をより深く知るために、HCDの流れが役に立つことに気が付きました。そのような使い方です。

質問者　ISOやJISの規格そのものは読みましたか。

Lさん　勉強で、授業に参加したときなどに見ましたが、規格の原本は読んでいません。その必要性がないのと、使い道がありませんでした。

質問者　Lさんとしては、HCDの活動でいうと上流工程の部分に深く関わってきたようですが、その後の活動やプロセス全体の話には、業務上、関連がないということでしょうか。

Lさん　そうですね。業務上、関連がありません。

質問者　ユーザ調査をされた後、その製品についてわかったことなど、この製品にはこれをしなければならないという要求事項をまとめるのでしょうか。それは、クライアント企業側でするのでしょうか。

Lさん　クライアント企業側でします。依頼によっては、調査でわかった気づきを出して欲しいという要求もありますが。

質問者　この調査をして欲しいと依頼を受けて、その調査結果の報告をした後、それがどのように製品に反映されているのかを知る機会はないということでしょうか。

Lさん　そこには参加していません。ただし、次の発注が来たときに、前回の展開を聞くことはあります。

質問者　そうすると、どのような形で調査の焦点課題を設定されますか。それはクライアントの要望で決めるのでしょうか。

Lさん　基本はクライアントの要望で決めていきます。調査設計や調査企画書を提出して、やり取りすると、違うこともあります。こちらの理解が違うこともありますし、追加で、違う可能性が出てくることもあります。そこは

- - - - -

オリエンテーションのままとは限りません。

新しい商品のニーズや新ターゲットへの需要をインタビュー調査から探る

質問者 調査の対象となるのは、新製品の類いが多いのでしょうか。

Lさん 新製品の類い、大きなブランドの中の子ブランド、孫ブランド、新しく生まれるブランドなどです。

質問者 そうすると、既存製品を改良するような形で、既存製品の問題点を抽出して欲しいという依頼はありますか。

Lさん 既存のものについては、問題点の抽出よりはお客さまの変化についてです。長く受け入れられてきたブランドについて、今その位置づけが社会状況の変化とともに変わってきた気がするけど、ユーザにはどのように見えているのかを聞く感じです。ユーザに、対象ブランドの商品をどのように使っているのか、あるいはどのように思っているのかを尋ねます。調査対象となるのは、主として食品なので、様々です。

質問者 調査の内容はパッケージについてだったり、中身の品質についてだったり、様々あると思いますが、どのような依頼が多いのでしょうか。

Lさん どれもありますね。どのような状況で、どこで、誰と食べるのかなどの話を、他社商品などとも比較しながら聞く感じです。対象は主に食品ですが、調査の中では、食べてもらって評価するということはあまりありません。

質問者 その商品を家庭の中で、誰と、どのように、どういった場面で食べているかを観察し、その観察に基づいてインタビューをするのでしょうか。

Lさん 以前はインタビューのみが主でした。最近はコロナのおかげで、Zoom でインタビューをしますので、インフォーマントも在宅で、インタビューに加えて、利用の様子を覗かせてもらうことが容易になりました。

質問者 コンビニエンスストアやスーパーマーケットなどで売られている商品に対して、食べてみて思ったことやパッケージの開けやすさ、いろいろなことに使えるという観点でのユーザビリティを聞く感じでしょうか。

Lさん 私に依頼が来るのは上流工程の部分が多いので、売られているもの

というよりは、これまでになかったものが多いです。試作品を食べて、味の評価を聞く調査などはあまりしていません。

質問者 商品が市場で受け入れられるかどうかを、ユーザにインタビュー調査して欲しいという依頼はありますか。

Lさん それに近いものはあります。年齢や性別を変えたターゲットで、このようなものは売り上げが見込めるのかという形で。

質問者 今あるものが、若い女性にはやっていたとして、それが若い男性にもはやるのか、他のターゲットユーザの層にも受容されるのかを調査するのでしょうか。

Lさん そうです。あとは素材を変える場合です。激辛ラーメンなら、汁なしラーメンの可能性を考えたりします。今あるものを、さらに変化させた場合はどのように受容されるのかを聞き出していく感じです。

質問者 グループインタビューのモデレーションもなさるという話ですが、調査対象はどのように決めますか。

Lさん 調査設計の段階で対象を誰にするかを話し合います。人の選定はインターネットのアンケートでターゲットユーザとなる人たちを抽出し、その中から選んだ人に話を聞きます。

調査対象と調査内容に応じて、個別インタビューとグループインタビューを使い分ける

質問者 グループインタビューの場合に配慮することを教えてください。

Lさん 環境と準備です。グループインタビューの場合は時間が短く、その中でどのように話を進めていくかが大事です。グループインタビューでは、多くの場合、自分で人を選んでいます。ですので、選ぶ時点でのやり取りのなかで、課題として日記を書いてもらったり、写真を撮ってもらったりしています。グループインタビューのテーマを本人には伝えていませんが、事前課題によって、話す準備ができます。話す準備ができている人たちに集まってもらい、気持ちよく会話をしてもらえば、答えが出てくるように思います。

質問者 グループインタビューに慣れたプロのような人たちも時折います

が、そこはいかがですか。

Lさん　グループインタビューのプロのような人は排除しています。また、同じ方を何回も参加させません。話を聞くときには、慣れていない人、新鮮な人が必要です。あまりに熱心な人も敬遠しますが、テーマによってどのような人を集めるかは違います。誰を集めるかで調査の結果が決まってしまうところもあるので、慎重にやっています。

質問者　グループインタビューの場合、1人の人に引っ張られてしまうようなケースもありますが、いかがですか。

Lさん　そうしたくはないので、そのために下準備をします。時には決まっていた方でも事前課題をしている間に違和感があれば、相談して謝礼を払い、参加を遠慮してもらうこともあります。

質問者　事前課題を見ながら、そこでも判断をしているのですか。

Lさん　ほぼありませんが、それもありだと思います。

質問者　個別のインタビューの場合には何をメインに考えて行いますか。

Lさん　個別のインタビューで怖いことは、モデレーターとインタビュイーとの関係です。誰がインタビューするかによって結果が変わってしまいますので、常に自分が反映されることを意識しています。私が聞いたら、私が聞いた答えしか返ってきません。そのために質問や対応を間違わないよう、オリエンテーションを受けてから実際に行うまで、常に気にしています。調査の実施場面では、インタビュイーに率直に話してもらえるよう気遣います。

質問者　個別インタビューとグループインタビューでは、どちらのほうが行いやすいですか。

Lさん　個別インタビューも手間はかかりますし、どちらも難しいです。適正な設計をして、適正な人に来てもらうのは非常に難しいですね。聞きたかったことはそこではない、となってしまうと困りますので、人を集めるときは真剣です。

質問者　グループインタビューと個別インタビューは、どのくらいの割合で行っていますか。

Lさん　現在は8割が、個別インタビューですね。グループインタビューのほうが少ないです。インターネットを介したグループインタビューは非常に

難しく、3人ほどなら話せるというニュアンスがわかったのが昨年です。

質問者　コロナの影響でグループインタビューではなく個別にシフトしたのでしょうか。

Lさん　私の場合は、コロナよりも前から、グループインタビュー自体が少なくなってきていて、個別インタビューのほうが多くなっていました。

質問者　そうなったきっかけなどはありますか。

Lさん　調査内容と調査対象が個別インタビューに合っていたのだと思います。

質問者　グループインタビューではなく個別インタビューのほうが良さそうだと判断する調査対象はどのような属性の方たちですか。

Lさん　男性、高齢の方は個別インタビューが良さそうですね。テーマによってはグループインタビューのほうが合っていることもあります。ですので、一つ一つ、相談しなければ話が進みません。

　コロナになってからは、まず、面談ができなくなって、Zoom で調査をすることにしました。そこで、最初から Zoom でグループインタビューをするのは怖かったので、それまでも多くあった個別インタビューでのデプスインタビューをすることにしました。時間が多くかかりますが、そこからスタートしました。

　それである程度のめどがつき、グループインタビューもできるのではという話になりました。私はまず4人から始めました。3人では、1人が病気などで欠席すると2人になってしまいます。2人ではグループにならないので、最低限として4人か3人だと思いました。現在は2、3人で行うのが最適だと感じています。4人だと、個別の話が少なくなり、何時間もかかると感じました。タイムラグもないとは言いますが、普段の面談での会話よりは遅くなり、時間がかかります。ですので、4人もいると時間が足りなく感じます。

質問者　インタビューにはどの程度の時間をかけますか。

Lさん　基本は90分です。120分では長いと感じます。

質問者　例えば、企業の関係者と一緒にインタビューをするなど、複数の聞き手でインタビューを実施されたことはありますか。

Lさん　過去にはありますが、最近はしていませんね。

質問者　それは企業の関係者が余計なことを言ってしまったり、邪魔だったりするからでしょうか。

Lさん　そういうわけではありません。企業の方は聞きたいことがはっきりしていますので、自分の聞きたいことをストレートに聞きますが、モデレーターは角度を変えて同じことを何度も聞くという特徴はあると思います。

質問者　対面でグループインタビューをする場合、貸し会議室などを利用すると、ハーフミラーで関係者が入れるような場所もありますよね。そこで関係者から指示が来るなど、そのような形式のインタビューはされたことがありますか。

Lさん　インタビュールームは利用していました。現在はZoomが主流ですので、ミラールームの代わりにストリーミング配信をしています。ストリーミング配信をクライアント企業の方が見ているので、そこから指示が来ることもあります。次の質問はこれで、というようにチャットに指示が入ってくる感じです。

質問者　なるほど。現在、社員は何人ほどいますか。

Lさん　一緒に仕事をしているのは2名で、1名はモデレーションをします。

質問者　その方と自分のインタビューの質をそろえるために、何か工夫していることはありますか。

Lさん　質をそろえるというよりは、得意分野、商品ジャンルが違うという感じです。発注する企業の状態や商品の周辺を知っているかどうかは重要ですし、専門用語を知っているか知らないかは、インタビューをする際に影響が大きいです。料理関係はもう一人のほうが、私よりも詳しいです。

質問者　Lさん自身は、どのあたりの商品を得意分野にしていますか。

Lさん　私は、長年扱ってきたコンビニエンスストアやスーパーマーケット関係の商品や健康関係の商品、あとは嗜好品関係です。

質問者　最も関わりの深いクライアントは、どのようなところでしょうか。

Lさん　クライアントとして、現在、関わりが深いのはコンビニエンスストアとスーパーマーケットです。

質問者　Lさんが調査の依頼を受けて、定点調査をされる場合、何が一番重

要ですか。

Lさん　定点調査は延々と同じ場所で調査をしますので、調査をする場所での比較です。店舗の位置づけが変わると意味が変わるので、背景は常に気にしています。何年も同じことを、忠実に着実に行うことも大事ですが、その環境自体が変わっていても気が付かない場合が多いです。環境が変わるとお客さまの質も変わることもありますので、環境は非常に気にしています。

デザイン思考と比べて、HCD は学術的で難しいと思われているイメージ

質問者　少し話が変わりますが、私たちの授業などにも参加していただいて、いろいろな勉強を続けているようですが、デザイン思考と HCD の関係性をどのように位置づけていますか。

Lさん　飲料や食べ物関係の企業では、デザイン思考を学んでいる人のほうが多いような気がします。この方はデザイン思考の考えで進めているなと感じることがあり、聞いてみるとやはり、勉強していると言っていました。

質問者　それはどのようなところで違いがわかるのでしょうか。

Lさん　図でしょうかね。仕事の最初にオリエンテーションを受けるときに、そのように思うことがあります。依頼の中に出てくる資料を見て、この人はデザイン思考かしらと。

質問者　HCD のプロセス図が出てくることはあまりないのでしょうか。

Lさん　あまりないですね。最初の頃は分野が違うのかと思っていました。最近は意識していませんが、HCD の話は難し過ぎるという印象を持つ人が多いのかもしれません。仕事ではなく、付き合いのなかで HCD の話をすることがありましたが、難し過ぎると言われたことがあります。学術寄りと思っているのかな、と感じたことはあります。一方で、ニーズを深く理解したいという需要からだと思いますが、デザイン思考は浸透していると感じます。

質問者　お仕事の中で、「UX」という言葉が出てくることはありますか。

Lさん　ありますね。ターゲットユーザとなる人たちにインタビューをして、いくつかインタビューをした中の UX をつくっていきたいと言われます。

質問者　「UX デザイン」という意味で使われているのでしょうか。

Lさん　私の周りで「UX」という言葉を使う方は、コミュニケーションをしている人たちだと思います。商品開発というよりは、販促をしている人たちです。

質問者　商品の売れ行きには、店舗における商品の置き方や見せ方も関係しますが、そのあたりは担当されないのでしょうか。

Lさん　私はしていません。定点調査では、定点上の数やフェース数、価格を定点的に調査しています。店舗での見せ方に関しては、こちらから提案するようなことはしていません。

質問者　そういった依頼なので、そこまでにとどめている感じですか。

Lさん　店舗での見せ方に関してはそうです。要求されていません。調査をしていて気付いたことに関して、商品に関係あることでしたら提案はします。ここが空いている、このニーズはもっとある、などは伝えます。依頼された文脈の中で行った調査の結果、気付いた何かがあればプラスで報告するという位置づけです。

質問者　そうすると、HCD の規格は、L さん的には関係が薄いということでしょうか。

Lさん　自分の仕事の質を上げることや、提案する能力を付けることには役に立っていますが、限定された定点調査のような発注には生かされていません。

質問者　役に立つ場面は具体的にどこでしょうか。

Lさん　上流の設計部分です。調査の方法、答えを出す方法、分析の方法も含めて、そこまでを調査設計の中でやり取りして、合っているかどうかを確認することに時間をかけていますが、その点では役に立っています。では、実際に相手の企業の商品開発に役に立っているかというと、そこまで広い範囲での仕事は受けていないので、残念ながら、今は私の範疇にはない感じです。

質問者　追加でお伺いしたいのですが、感性工学はどのように仕事の役に立っていますか。

Lさん　感性工学とアフォーダンスの考え方は、嗜好品との関係で常にそば

にあり、何かあれば戻っていくところです。触ることや感覚的に感じること
などを、どのように言葉にしていくかは常に探っていたところですし、それ
を商品に表現することは求められてきたことでした。

質問者 それは感性が大事で、必ずしも感性工学が役に立ったわけではない
ようにも思いますが、いかがですか。

Lさん そうかもしれません。求められていたのは感性でしょうか。それを
どのように扱うかはメーカーや印刷会社が決めていました。

質問者 印刷会社とはパッケージなどですか。

Lさん パッケージ、ネーミングなどです。

質問者 なるほど、Lさんの場合には、マーケティングをご専門とされてい
るなかで、商品や製品の開発の全体ではなく、上流工程のみに携わっておら
れること、そしてHCDによる開発というよりは、調査設計の際にその考え
方を活かされているということがわかりました。どうもありがとうございま
した。

12

まとめ：著者対談

この章では、全体のまとめとして、著者2名での対談を掲載する。まずは PART 2 の 12 件分のインタビューを振り返り、その後、PART 1 の規格の内容の変遷についても話していきたい。

匿名でのインタビューだったからこそ、話してもらえた内容ばかり

橋爪 インタビューに関しては、12件分すべてにお付き合いいただき、どうもありがとうございました。出版までのスケジュールの都合もあり、短期間で集中的になってしまい、さぞお疲れになったことでしょう。

黒須 いやぁ、1日にインタビューが複数件入った日は、さすがに疲れちゃって、寝る時間が早まりました。そんな日の連続だったので、本当に疲れましたけど、楽しかったですよ。

橋爪　それは失礼しました（笑）。でも、疲れたけど楽しかったという感想は、私も同じで、充実していた感じがします。本書への掲載の都合で、修正せざるを得ない部分もありましたが、インフォーマントの方々はありのままを語ってくださったので、本当に面白かったですよね。

黒須　そうですね。そのインフォーマントの方たちについて振り返ると、企業での活動に関しても期間が短い方から長い方まで含まれていたし、HCDの考え方が定着している企業や導入に苦労している企業の方もいたし、規格を後ろ盾として活用している方にも協力してもらいました。その一方、それほど内容には深く関与していない方もいたり、製造業からサービス業まで多様な職種が含まれていたり、似たようなプロセスモデルを提唱しているデザイン思考については、それがメインになっている会社もあれば、どちらかというと否定的な会社もある、という具合で、実にバラエティに富んでいました。インタビューをしながら必要に応じてインフォーマントの皆さんを追加していったこともあったので、いわゆる定性的手法における理論的サンプリングの典型的なケースだったかな、と思います。

橋爪　それは私も実感しています。お若い方からご年配の方、製造業の方からサービス分野の方、それぞれのバックグラウンドやご所属で扱われている人工物に関しても、12名の範囲ではありますが、バラエティに富んだ方々にお願いできて、非常によかったと思います。それと、匿名にしたことで、ありのままの実態をお話しいただけたのもよかったですね。

黒須　確かに、匿名じゃないと話していただけない内容もたくさんありましたもんね。匿名にしなければ、インタビューを企業のPRの場ととらえてしまう方がでてきたり、あるいはそうすることを会社から要求されたり、反対に世間に知られるとまずいと判断された内容は削除されたりして、良い話、成功した話ばかりが出てきてしまったのではないかと思います。今回、匿名でお願いをし、固有名詞をできるだけ消したり、企業名を推察されないように表現を工夫したりと、発話内容の修正作業が結構大変でした。本の中には伺えたお話のすべてが書けたわけではないですけど、少なくとも我々は、結果的に実態に近い本音の部分を聞くことができて、とてもよかったと思っています。この章では、企業名に紐づけないように、その一部をご紹介できれ

- - - - -

ばと思っています。

橋爪　そうですね。学会などで発表をされていたり、我々が一緒にやっている社会人向けの授業などで質問されたりする場合にも、結局のところ、どこの誰という形になってしまうんですよね。そうすると、上手くいっている事例や優等生的な話しか聞くことができないので、ありのままをお話しいただけたのはとても貴重でした。

　ほかにも、実態をご相談にこられて、一緒になって私がHCDに取り組むケースもありますが、結局そういった方々は、HCDをなるべく取り入れたいというようなマインドをすでにお持ちの方々ですし、私たちが知らない本当の真の実態というのが、またあったという感じで、面白かったです。

黒須　でも匿名でお願いをしたにもかかわらず、文面について上司の許可を取られた方々も結構いましたし、確認をお願いした段階で自社についてのネガティブと思える表現を大幅に削除された方々もいましたね。考えてみれば、製品やサービスの内容から社名が推測できてしまう可能性も否定はできないので、匿名での掲載としても、すべてを書籍に掲載させていただくことは難しいのでしょうね。

橋爪　そうなんですよね。面白い話が聞けたなぁと、こちら側が思ってもやっぱり後でバサッとカットということも多くて、そういう組織というか、組織文化の中で皆さんは働いていらっしゃるのだなぁ、という感じでした。私たちには個人的に話してもらえたものの、やはり書籍化されて世間に出回るとなると、皆さん慎重になってしまうところがあるのでしょうね。面白いと思ったところでも、掲載できなかった箇所があったのは大変残念です。

黒須　元々の編集も大変そうだったけど、重要な部分がカットされてしまった後での調整は、エグかったでしょう。

橋爪　いやぁ、これってどこまでも果てしなくNGなんですか？というくらい削られてしまったケースもあって、本当にエグかったですけど…って、どこで覚えるんですか、そういう言葉は。

黒須　秘密のルートです（笑）。僕だってね、若い人たちとの付き合いもあって、若い人たちからいろいろと学んでいるんですよ。今回も、インフォーマントの方々は、皆さん当然僕よりもお若い人たちでしたが、大変勉強になり

ましたしね。

　そのインフォーマントの方々のサンプリングで少し気になっていたのは、HCDについて知っているであろう人たちだけを母集団にしてしまった、という偏りはあるかな？というところですね。まだまだ日本には、HCDという言葉を耳にしたことがない人たちが大勢いると思います。本書が、そのような方々にとってHCDの入り口の一つになれば、という気がします。

橋爪　それはそうですね。もし次に同じようなインタビューをする機会があったときに、「この本がきっかけで」という人が出てきてくれたら、とても嬉しいですね。

組織の体系と上に立つ人の考え方がHCDの活動への取り組み方に影響

橋爪　それと、私は企業に勤めた経験がないので、実際の業務の現場については非常に疎いんですよ。黒須先生の場合は、結構前と言うと怒られてしまうかもしれませんけれど、昔々に企業におられたわけで、その経験と照らしてみると、今回インタビューで聞かせていただいたお話はいかがでしたか。

黒須　「結構前」も「昔々」も同じことですけど、僕が会社員として仕事をしていたのは今から30年から40年前になります。やっぱり、昔々で結構前でしたね。その頃は、まさにユーザビリティ黎明期で、各社がいろいろな取り組みを模索していた時代でした。今回ご協力いただいた方々の勤務先の中には、僕が会社員をしていた時から知っていた会社もありましたけど、そこの空気感はやはりあまり変わっていないな、という印象を受けました。そういうのって、企業文化とか組織文化と言うのでしょうけど、そうした空気というものは、なかなか変わりにくいもののように思いました。

橋爪　企業や組織の文化というところで言うと、私が12件のインタビューの中で感じたことのポイントとしては、まず、上司やトップのバックグラウンドがどのようなものなのか、ということと、事業規模や体制がHCDの実践に関係してくる、ということがありました。トップダウンでHCDをやるぞとなった場合には、すぐに受け入れてもらえるというか、HCDにそれほど積極的ではなかった人たちもやらなきゃいけなくなるんだなぁ、という感じで。

黒須　上司や企業トップが HCD について理解のある人かどうかというのは、HCD の導入に関してとても重要な要因になっていると思いました。もちろん HCD のみならず、UX でもユーザビリティでもいいのですが、そうした知識やマインドのない上司がいるところ、ないしは未成熟の組織文化の企業では、HCD に関して意識のある社員がいても、実践がとても困難だろうと思われました。

　それと、企業というのは人だな、という印象も強くうけました。HCD に理解のあった上司が他の人に変わったとたんに HCD 的活動が冷めてしまうケースも、またその逆のケースもあるわけです。HCD の成熟度モデルというものがあって ISO 規格にもなっているのですが、結局のところ、人の問題をぬきにして、企業における成熟というものは議論できないだろうと感じました。

橋爪　そうですね、結局は人で成り立っている組織なんだなぁ、と。さらにあわせて、組織の体制や体系も影響してくるように思いました。特に大企業の場合における縦割りで部署間の壁が厚かったり、部署間の力関係があったりすると、HCD をうまく浸透させられない要因になってしまうように感じました。

黒須　縦割り問題については、複数の方から指摘がありましたね。人類学者の中根千枝先生が、1967 年刊行の『タテ社会の人間関係』という著書の中で、日本社会、特に企業における縦割り構造を指摘して話題になったことがありました。これは何とかしなければならない問題ではありつつも、特に規模の大きな企業のなかでは、これだけ長い間日本に定着してしまっていると、もうどうしようもないことなのかとも思われます。ただ、中小規模の企業の場合に多かったのですが、基本的にはそうした縦割り構造があっても、随時、必要に応じて横の連携をしている企業もあることがわかり、そうした柔軟な形態をとることができるなら、それが現実的には一番いいあり方なのかな、という気もしました。

　また、B to C や B to B to C にもいろいろなパターンがあって、自社内に B（b1 to b2 to b3）みたいな構造がある場合があり、その場合は HCD の考え方の伝承が難しいという話も印象的でした。

橋爪 連携に関しては、「様々な専門分野の技能及び視点を持つ人々を設計チームに加える」と JIS Z 8530:2021（ISO 9241-210:2019）の中でも書かれていますが、その理由として「広範囲な技能をもつチームメンバとのやり取り及び共同作業を通して、全体の総和以上の創造性及びアイディアを産出することができる」とあります。この点については、専門家でないとよくわからないことも多い一方で、専門家にとっては当たり前で見過ごしてしまうようなことに、専門家ではない人が疑問を持つこともあるというような補足がされています。

　書かれている通りの意味合いも大きいと思いますが、インタビューをしていて感じたことは、多様な職種の人たちが設計開発に関われるような柔軟な組織体系になっているかどうかという点も HCD の活動を実践していくうえでは重要なんだということです。また、これは先ほどお話しした社内での縦割りの問題にも関係してきますが、外注をすることで結果的に様々な専門分野や技能を持つ人たちが設計開発に携わっているにもかかわらず、受注側がその全体像を知らない状態で HCD に関連する一部の業務を遂行しているような話もありましたよね。

　多様な人たちで設計チームを組んだとしても、設計開発に携わる人の問題意識や目標がそろっていない、全体像を含む情報共有がうまくいっていないなどの問題によって、結局は、その設計チームがうまく機能しなくなってしまうという点で、柔軟な組織体系とそのマネジメントが重要だと思いました。

黒須 そうした多様な専門性をもったチーム編成において重要な役割を果たすのが、HCD の専門家ですね。JIS Z 8530:2021（ISO 9241-210:2019）の 5.7 には、「a) 人間工学、ユーザビリティ、アクセシビリティ、ヒューマン・コンピュータ・インタラクション、ユーザリサーチ」と書かれています。ヒューマン・コンピュータ・インタラクション（HCI）については必ずしも該当しませんが、HCD-Net が実施している認定資格の保有者は、それに該当すると考えられますね。あと、日本人間工学会にも資格制度があります。こうした資格の保有者をチームに含めるのは望ましいことといえるでしょうね。

　ちなみに、HCD-Net の認定資格は、2008 年度の内閣官房における電子政府ガイドライン作成検討会のユーザビリティ分科会に端を発しています。これは、それまでに日本の各府省において電子政府化が推進されてきたものの、システムのユーザビリティが低すぎたため利用が芳しくなく、それに大臣が怒って急遽の対策を指示したことに始まる委員会でした。その議論のなかで、ユーザビリティが重要なことはわかったが、どのような人をユーザビリティの専門家として開発チームに含めればいいのかがわからないという声があり、HCD-Net としてそれに対応すべく認定資格制度を設置したものです。

橋爪　電子政府の問題については把握していましたが、その背景で生まれたのが HCD-Net の認定資格だったのですね。

黒須　準備期間を経て、2009 年には募集が開始され、2010 年には第一期の審査結果が公表されました。当時は僕も理事長として、それを取っとかないと立場がないので、大量の申請書類を書いて資格をいただきました。現在は、「HCD-Net 認定　人間中心設計専門家」と「HCD-Net 認定　人間中心設計スペシャリスト」に分けられており、前者は毎年数十から百人前後の認定者を輩出しています。人数を絞りすぎると現場での必要性に対応できなくなるので、多少緩めの基準で、まずは必要とされる人数を社会全体として確保できることを目指しています。現在では、名刺に入れてくださる方も増え、社会的な認知度も高まってきたように思っています。

　もちろん認定者のなかには、ユーザリサーチは得意だけど、人間工学については今一つという人がいたりもするわけですが、HCD という概念がまだ十分に浸透しきれていない現状の社会においては、それなりに機能するシステムになっていると思います。

橋爪　実際、今回のインフォーマントの方々の中にも、職に就かれた後で大学院に行ったり、HCD-Net の認定資格を取られたりした方も結構いましたね。

黒須　そうですね。橋爪さんは、HCD-Net の認定資格を頑なに取っていないけど、それはどうしてなんですか。

橋爪　いえ、別に「意地でも取らないでやるんだ！」とか、心に決めている

わけでもなくて、私の場合は、単に HCD-Net の認定資格をわざわざ取る必要性がないということなんだと思います。インフォーマントの方のお話では、「理論武装」や「お墨付き」のために大学院に行かれたり認定資格を取得されたりしているということでしたよね。通常、大学に専任教員として勤める場合には、何らかの専門家として扱われるので、雇用された時点で、一種のお墨付き的なものが発生していると思うんです。

黒須　確かに、大学教員の雇用の場合には、そういった側面はありますね。僕も理事長の立場にいなかったら、HCD-Net の認定資格を取っていなかったかもしれません。でも、橋爪さんは「専門社会調査士」の資格は取得されていましたけれど、あれは謎です。

橋爪　専門社会調査士の資格の場合は、目的がありました。仮に自分が専門としているのが HCD だとしても、それに基づいて大学の学部の編成やカリキュラムはつくられていないので、HCD 学部とかっていうのは大学にはないんですよね。専門社会調査士の資格を取得する当時は、私は理工系の学部に属していて、将来的なキャリアを考えたときに、社会学系も含む文系の学部にも異動できるようにするためには、その資格があることが望ましいと考えて、取得しました。社会学系の学部の多くは、社会調査士の資格に関連する科目が設置してあるので、自分の専門と関連しうる学部の特徴に合わせたということです。別に、社会学系の学部で雇用されるのにあたって、社会調査士や専門社会調査士の資格を取得していることが必須というわけではないんですけどね。

黒須　そういうことだったんですね。皆さん、必要に応じて、その必要性に対応した資格を取得していけば良いですね。

橋爪　はい。世の中には山のようにいろいろな資格がありますけど、それぞれの目的に応じたものを取得されて、それを理論武装にでもお墨付きにでも活用されると良いと思います。

黒須　そうですね。ちょっと話を組織論に戻しますが、さきほど「縦割り問題」という言い方をしました。それにならって言えば、「横割り問題」というか「ぶつ切り問題」というような現象もあるんだとインタビューを通して実感しました。例えば、調査や評価を外注する企業側と、そうした部分的作

業を受注する企業側との間で、ユーザの利用状況や利用実態に関する情報が円滑に授受されないまま、依頼状や報告書という書類のやり取りに多少のミーティングが追加されるような状況だけでは、HCD の活動としての首尾一貫性が失われてしまう恐れがあるように思いました。発注側が調査や評価などの場に立ち会うことも結構あるようでしたが。

　特に、受注側が設計全体のコンセプトや流れを知らないで作業をしてしまう場合には、そうした問題が発生しやすいですよね。例えば、ユーザ調査を受注して実施してもデザイン解決案の作成までフォローできる外注担当者は少ないでしょう。これについては外注のやり方を工夫して、外注側の人の一部が調査や評価に同行し、ときには部分的に参加するとか、受注側の人々を開発会議に参加させるといった配慮がないといけませんね。受注の形式をコンサルテーションのようにするというやり方もあるでしょうね。

橋爪　プロジェクトの進め方や関係者同士のかかわり方にも、そうした配慮や工夫が必要ですね。

製品・システム分野とサービス分野における関連用語の浸透の違い

橋爪　そのほかにも、分野によって HCD が認知されて浸透した時期が異なる印象を受けました。いわゆる製造業における製品やシステム開発では、わりと早い時期から HCD が認識されている感触がありました。

黒須　そうでしたね。製造業の皆さんの場合には、規格やガイドラインを重視する文化が根付いているように思いました。ただ、対象となる規格のなかに、必ずしも HCD の規格が含まれていないケースもあるようでしたね。また HCD という考え方、特に「人間中心」という言葉は、その「正体不明さ」もあって、結局のところバズワードにはならなかったし、今に至るもあまり広く知れ渡ってはいないように思います。

　いま「正体不明さ」と言いましたが、その点では UCD のほうが、意味がわかりやすいとはいえますが、UCD とすると考慮する対象範囲が狭くなってしまい限定的になってしまうという指摘もありましたね。僕は、HCD という考え方がもともと人間工学をベースとして提唱されているのだから、

HCD のかわりに「HFCD（Human Factors Centered Design）」という言い方をしたほうが的確なのではないかと思っていますが、それだと正確に内容を表してはいるものの、さらに知名度は下がってしまうかもしれません。

橋爪 「HFCD」は、ますます混乱しそうですね。インタビューの中でも、「ユーザ中心」と言ったほうが「HCD」という言葉を知らない人には伝わりやすいというお話がありましたね。私も、授業の中では、実際には「ユーザ中心」という表現のほうが正しいけれども、ユーザという概念を幅広くとらえるために規格では「人間中心」と言っていると説明をして、規格と実際を区別して話すことが多いです。

　サービス分野では HCD からというよりは、ふわっと UX から入った人が多く、これからというところが多かったように感じました。

黒須 　サービス、特に Web をベースにしたシステムを開発しているところでは、設計の方法論としてアジャイル開発やサービスブループリントなどがよく使われているようでした。他方、製造業や大規模システムの場合には、柔軟性がないという理由で批判されることもあるけど、基本的にはウォーターフォールが使われることが多いようでしたね。

　それぞれの設計方法の中で、HCD がどのように実践されるべきかについて、規格はかならずしも明確なアプローチを具体的に示していませんね。いちおう反復設計がベースにはなっていますし、ウォーターフォールにも適用できる、とは規格に書いてありますが、例えばウォーターフォールで長期間の開発をしているときに、評価して良くないことがわかったから最初に戻るということには無理がある、という指摘もありました。全くその通りだと思います。でも、そうだったらどうすべきなのか、ということを、規格は明示していません。このあたり、規格が現実から遊離してしまっているところだとも思います。規格をウォーターフォール向きの大規模システムの場合と、反復型向きの小規模システムの場合に分けて書いたほうが良いという示唆をされた方もいましたね。また、これは ISO の規格を作成している人たちの経験の幅がある範囲内に限られているからかもしれませんね。どちらかというとパソコンやワープロソフト、家電、AV 機器あたりを想定して規格が書かれているように感じることもあります。大規模システムや Web システム

の開発経験者が規格策定者のなかに少なかったんじゃないか、などと思って
しまいます。

HCD の最低限の知識を全体に普及させることがそのマネジメントのためには必須

橋爪 規格の作成や改定に携わる人たちに関して言うと、日本の国内対策委員会では、なるべく新しい若い人をメンバーに入れ、幅を広げていこうと努力はしていますが、各国の国際委員会のメンバーは長く同じメンバーでやっていて、超高齢化してしまっている感じがします。また、規格の現実からの遊離に関しては、HCD プロセスの繰り返しはそれを事前に予定していないと実現は無理だというお話もありましたね。

黒須 先ほども言いましたが、大規模システムの場合には安易な繰り返しは不可能であるという指摘がありましたよね。その意味では「この開発では一度だけ戻して設計をやり直します」というような具合に、最初から大きな反復を開発工程に含めて実施してゆくというやり方は現実的な解決策のひとつだと思いました。

橋爪 そうですね。HCD の計画をきちんと立てるということも重要になってきますね。それと、インタビューをしていて感じたのは、HCD 全体をできるのが望ましいけど、組織やプロジェクトに合わせて、HCD のエッセンスをどう組み込んでいくかを考えていく必要があるということなんだと思いました。

黒須 僕は HCD プロセスのエッセンスというか特徴的な部分は、ユーザ調査と評価にある、と考えています。ただ、プロセスの頭から順繰りにやっていくのではなく、特に既製品の場合などでは、その評価からスタートすることも当然考えられていいと思います。それは評価と言ってもいいし、ユーザ調査と言ってもいいでしょう。いずれにしても、ユーザや関係者と密着した開発を行っていくことは必要不可欠だと思います。

　HCD についての最低限の知識が、企業全体に広まっていくことがまず必要だと思います。そして、その考え方のどの部分がどのようにして自社の設計開発のプロセスに取り入れることができるかを、関係者全員が自分事とし

て考えられるようになれば良いですね。

橋爪　そうですね。先ほども話にあったように、特に縦割り文化が根付いている大企業の場合には、トップダウンで HCD に取り組みをしていかないのであれば、全社的に HCD の最低限の知識が広まっていないと、なかなか実践が難しいですよね。さもないと、全体を通して HCD をうまく人工物の設計開発の中に組み込んでいくことや、HCD の考え方に基づくマネジメント自体が難しくなってきてしまうので…。そうした HCD に関する最低限の知識の普及のために、この本が少しでも役に立つといいなと思います。

20 数年を振り返って規格の変遷をたどる

橋爪　さて、インタビューから話を変えますが、PART 1 のほうでは、黒須先生には 1998 年の ISO 9241-11 以降の、20 数年を振り返っていただきましたが、いかがですか。

黒須　本書 PART 1 の ISO 9241-11:1998 の原稿は、僕が書きましたが、実際の規格制定や翻訳の作業には関わっていませんでした。僕の場合、ISO 9241-11:1998 は、ISO 13407:1999 の JIS 化の作業の中で、ユーザビリティの定義をした規格として参照していたわけです。したがって、ISO 13407:1999 が僕にとっては実質的な ISO デビューだったわけで、ともかくこの規格は僕にとっては意義深く、思い出深い規格です。

　この ISO 13407:1999 の内容をもとに NPO 法人の HCD-Net を立ち上げました。その後は、TC159/SC4/WG6 の活動としては ISO 20282 関係の仕事でペルーでの会議に行ったり、何回かロンドンの会議や札幌の会議に出席したりしたことなどが記憶に残っています。でも、仕事としては HCD-Net の機構長や理事長としての仕事のほうがメインで、それに注力していました。あとは ISO 9241-210:2010 の JIS 化と ISO 9241-210:2019 の JIS 化の時に委員として参加していましたが、あくまでも委員としての活動だったので、関与度としては低かったといえます。

橋爪　黒須先生は、ISO 規格のエディタなどはされていなかったんですね。私が ISO の規格の活動に関係したのは 2016 年くらいからで、ちょうど ISO

9241-11:2018 のドラフトをつくったりしているところでした。その議論の途中で、「UX」とユーザビリティの下位概念の「満足」の定義が同じになってしまうという問題が起こったりしつつ、結局は今の定義に落ち着いたことなどがありました。ISO 規格でも、エディタの考えや会議参加者の意向でこんなに大きく内容が変わってしまうんだなと知って、非常に驚きました。

黒須　そんなこともありましたね。そもそも ISO の会議って、とても疲れるものですよね。そんな状況のなか、エディタがサッサと議事を進めていくのは、効率的ではあるけれど、本当に有効な議論ができているのかな、という疑問もあります。しかも議論が白熱してくると、特にイギリスやアメリカのメンバーは母語である英語で、非英語圏の参加者のことなんか無視して早口でまくしたててしまう。ISO 9241-11:2018 の内容が議論されていた札幌での会議あたりでは、かなり置いてきぼりを食らった記憶があります。ま、これは自分の語学力を棚に上げた愚痴ですけどね。

橋爪　へぇ、語学力ですか…。あの札幌の会議のときは、満足感や UX についての結構重要な話をしていたのに、黒須先生がやけにおとなしいので奇妙に思って見たら、ガッツリというか安らかにというか、眠っていましたよね。まぁ、他にもぐっすり寝ている委員の人はいましたけれど。ISO の会議は数日間にわたって、朝から晩まで連続で議論し続けているので、確かに疲れるんですけどね。

黒須　寝てしまうくらい過酷な会議なことは確かですね。あと、規格関係者が熱心に作業をしているわりには、規格の利用者である企業の皆さんには内容のポイントや改定されたことなどがあまり伝わっていない、そして皆さんが十分に規格の内容を読み込んでいないということにも驚かされました。規格を作成したり翻訳したりしている関係者の人達はとても努力されてると思うんですが、その姿勢が規格関係者の間だけのものになっている、つまりちょっと内向きになってしまっていることも関係があるのではないかと思うんです。

　そうした状況を変えて行くためには、時々 HCD-Net のイベントなどの場で、今回の改定内容はこういったところです、というような講習会や告知をすることは必要でしょうね。一般の皆さんには、新しくこうした規格ができ

たとか、改定されたという情報は一切伝わっていないわけですから。規格関係者の皆さんが広報という活動を強く意識されることが必要でしょう。

橋爪　本当にそうですね。JIS Z 8530:2021 の公示に合わせて、HCD-Net や日本人間工学会ですでに数回セミナーを行ったり、他の学会での招待講演の中でもお話ししたり、社会人向けの授業でも説明したりと、自分なりには宣伝をしてきたつもりだったのですが、まだまだ情報が伝わっていないのだな、と実感しました。もう少し宣伝活動を続けていかなければいけないという点では、この本もその一助となれば良いなと思います。

規格改定の裏側と企業関係者の使用の仕方

黒須　さて、これまで、企業関係者への規格に関する情報の流れが必ずしも十分ではないという話をしてきましたが、ここからは少し、規格、特に最新の JIS Z 8530:2021 の内容、まあ前のバージョンの JIS Z 8530:2019 でもいいのですが、それがどこまで企業の皆さんに伝わっているだろうか、という話をしたいのですが、良いですか。

橋爪　はい、どうぞ。規格の内容が企業関係者に伝わっていない、あるいは規格の内容が現実に即していないということでしょうか。

黒須　規格が現実に即していないという面もありますし、現実のほうが規格に対応していないという面もありますね。具体的な事例として、JIS Z 8530:2021 の箇条 4 をとりあげてみましょう。そこには、HCD を適用する根拠として、そうすることのメリットが書かれているのですが、その内容を本当に理解し納得したうえで企業関係者が HCD を適用している、あるいは HCD という言葉を使っているのかどうかを考えてみたいと思います。

　　箇条 4 に書かれている a) の「生産性や組織の運用効率」、b) の「訓練や顧客支援の経費の削減」、c) の「ユーザビリティの向上」、e) の「UX の部分的改善」、f) の「不快さやストレスの低減」というあたりまでは、企業関係者の皆さんに直観的にも受け入れられやすいと思うのですが、まず、そうしたことが HCD を適用することと、どの程度強く関係づけられているのかが疑問です。c) のユーザビリティや e) の UX については、HCD との距離

感は近いでしょうけれど、それ以外の項目は HCD とは関係なしに重要だと思われているのではないでしょうか。さらに g) の「競争優位性の確保（ブランドイメージの向上）」となると、これはもちろん企業にとって重要な項目であるわけですが、それが HCD の結果としてもたらされるという意識は持たれていないのではないか、という気がします。つまり競争優位性が確保できるから HCD をしなきゃ、というようには考えられていないのではないか、ということです。

　言い換えれば、世間的に「良い」と思われることをなんでもかんでも HCD に結び付けてしまっているのではないか、ということです。それでも「良ければ良いではないか」という言い方もできるでしょうけど、だとしたらわざわざ HCD と言う必要性はあるのですか、と問い直したくなってしまいます。ISO 13407:1999 が一番良かったと考えている頭の固い僕は、HCD というのはユーザビリティを向上させることだ、という古典的な定義で十分ではないか、と考えているわけです。

　さらに、d) の「アクセシビリティの向上」については、ユーザビリティとの違いが明確になっていないし、h) の「持続可能性への貢献」に至っては、サステイナビリティが重要なことはわかっているけど、HCD とは別の枠組みじゃないか、という受け止め方をすべきではないかと思うんです。つまり、ISO 9241-210:2010 も そ う で し た が、ISO 9241-210:2019 は、ISO 13407:1999 と比較してちょっと書きすぎなんじゃないかという気がするんですが、どうでしょう。

橋爪　世の中的に良いと思われていることを結び付けているところは、まぁあるとは思います。HCD に基づく設計開発をすることで、すべての人工物において、そこに記載されている項目のすべてが良くなるわけではないとは思いますが、ある人工物に関してはそういった側面もあるということで、書かれているのかと思います。そして、もともと HCD の規格は、ユーザビリティの向上のためにつくられたものではありますが、幅広いところから HCD に関心を持ってもらいたいということなんでしょうかね。

　でも、ご指摘の HCD を適用する根拠に書かれている内容って、ユーザビリティとアクセシビリティを区別したという点での違いはありますが、内容

的には ISO 9241-210:2010 とほぼ同じなんですよ。つまり、ISO 9241-210:2019 の問題ではなく、ISO 9241-210:2010 のときに拡張しすぎたということですよね。その当時、私は委員ではなかったので、その背景までは知らないのですが、どういった議論がなされていたのでしょうか。

黒須　どうだったかな。2010 年のときは、ISO 13407:1999 に比べてかなり多くの箇所で改定がされていて、会議ではちょっと頭が混乱していました。しつこく議論をふっかけなかったのは僕の責任でもあるんですが、議論の大半はイギリスの委員がリードして、どんどん決まっていってしまったように思います。

　ともかく、規格が改定されると、そのたびに文字数が増えて長くなっていく、という傾向は必ずしも良いことではなく、原点である ISO 13407:1999 に立ち返って、コンパクトに要点だけをまとめるようにしたほうがよかったんじゃないでしょうか。そのほうが企業関係者の皆さんにも理解されやすかったんじゃないかと思いますね。

橋爪　一度規格として出してしまうと、内容を削るというのはなかなかできないのかもしれませんね。ただ、ISO 9241-210:2019 は、図や表の中に記載される内容は増えましたが、内容としては ISO 9241-210:2010 からは増えていないんですよ。定義は ISO 9241-11:2018 に合わせる形で大きく変わりましたが、内容的には変わっていないんです。ISO 13407:1999 から ISO 9241-210:2010 への改定のときには、対象も製品とシステムから、サービスも加える形で広げていますので、その影響が強いのでしょうか。

黒須　そうですね。やはり ISO 9241-210:2010 の時に、もっと徹底的に議論をしておくべきだったと、これは反省します。今になってここで批判すべきではなく、規格制定の時にもっと議論しておくべき内容でしたね。でも、ISO 9241-210:2019 の時にも、内容に余計な部分が多いから、もっと削ってスリムでコンパクトなものにしよう、という議論があっても良かった、とは思いますね。

橋爪　とはいえ、ISO の委員会での会議では、委員として意見を出したからといって、必ずしもそのまますべてが採用されるわけではありませんよね。ただ、どなたがエディタになるかによって、各国からくる数百件にもわたる

コメントへの対処の仕方や議論の結果の反映の仕方のうまさには差があるな、というのは感じています。

本書の7章で述べたように、関連規格 ISO 9241-220:2019 とそこで新たに用いられた「HCQ (Human Centered Quality)」という言葉などは、日本の国内対策委員会の総意として再三修正を要求してきましたが、エディタの強い希望で日本の意見が反映されなかったという側面があります。また、8章の中でも述べましたが、これはおそらく ISO 9241-210:2010 のときからだと思いますが、ISO 9241-210:2019 では、UX とユーザビリティの概念を混同して使っていたり、エディトリアルなミスがあったりします。そういった箇所については、国内対策委員会では一貫した姿勢で対応をするべく、JIS 化の際には結構苦労しました。

ISO 9241-210:2019 を JIS 化するなかで気が付いた ISO の誤りや不備については、日本の国内対策委員会からエディタに確認を取ったり、ISO 規格の修正を求めたりしているので、次回の ISO 9241-210 の改定の際にも再度提案する予定ではあります。ただし、単純な誤りもある一方で、エディタが意図をもってやったものも混在しているように思えるところもあります。後者に関しては、他の国も含めた審議となることでしょうから、審議の結果として確実に採用されるかは定かではありません。

もし、次回 ISO 9241-210 の改定のときにこれらの提案が採用されれば、ISO 9241-210:2019 が今回改正された JIS Z 8530:2021 に近づくことになりますが、採用されなかった場合には、JIS は国内の委員の意見に基づき構成されて訳されるため、今回のように ISO と異なる箇所が生じる可能性はあります。

黒須 ISO と JIS 規格の関係で、ISO 規格の完全な翻訳を「IDT (identical)」、内容に修正を加えているものを「MOD (modified)」と JIS 規格では言いますけど、MOD の場合って、どの程度まで ISO と JIS が違っていてもいいんでしょうかね。僕自身は IDT の経験しかないからよくわからないんですけど。まあ、本質に関わらない派生的な部分や軽微な部分であれば対比表や解説に書くことでいいんでしょうけど、その規格の「本質」が何かっていう問題は考え始めるとかなり根深いものですよね。

橋爪 JIS 規格の IDT と MOD については、少しでも違うと通常は MOD にするべきなんですが、なぜか IDT のほうが良いものであると思い込んでしまっている頭の固い人たちが一部いて、無理やり翻訳の仕方の問題であるとして、IDT で押し通してしまうようなケースもあるみたいです。JIS Z 8521:2020 の原案作成のときには、MOD にすることに対して反発する委員の方もいらっしゃいました。でも、日本規格協会の方から、小さなことでも ISO 規格と異なる箇所がある場合には、MOD にしておいたほうが望ましいとご説明いただき、MOD でまとめることができました。MOD でないと、対比表への記載がされなくなるので、ISO 規格とその対応する JIS 規格の間にどのような違いがあるのかが示されないまま、国内に広まってしまう危険性があるわけです。実際には、JIS 規格全般の中で見ると、MOD のほうが圧倒的に多いみたいですよ。

黒須 そうなんですね。翻訳についてはちょっと触れておきたい話題があります。

橋爪 なんでしょうか。

黒須 「HCD」という言葉は、JIS 規格では「人間中心設計」と訳されていますね。僕が気になっているのは、「design」に対する「設計」という訳の部分です。本書では「HCD」という表記を使用してきたので、特に問題はないのですが、それを日本語にしたときが問題なのです。

橋爪 日本語への訳し方の話ですね。確かに、英語の「design」という言葉は、日本語では文脈に応じて「設計」や「デザイン」と訳し分けることがありますね。

黒須 はい。前者は工学部的なニュアンスを持ち、後者は美術学部的なニュアンスを持っていますね。この訳し分けは、ISO 13407:1999 が登場した当時は適切なものと思われていました。当時、デザインはまだ変革の時期をむかえつつある段階にあり、一般的には「意匠」という意味合いで受け取られており、他方、工学的な「設計」という表現が普通に使われていたからです。また JIS 自体、当時は「日本工業規格」という名称になっており、工業や工学というニュアンスが普通に通用したことも間接的に関係しています。

橋爪 JIS Z 8530:2000 が出た当時は、「設計」と訳すことに違和感がなかっ

たのですね。

黒須　そうです。でもその後、JIS は「日本産業規格」と変わり、またデザイン界の革命的変化によって、コンセプトデザインやソーシャルデザイン、参加型デザイン、デザイン経営などの広範な領域で「デザイン」という言葉が使われるようになりました。もはや design が「意匠」を意味していた時代とは異なるものになりつつあるといえるでしょう。いまだに、大学のデザイン学科では古典的な意匠デザインを教えている教員もいますけど、世間一般の企業活動において、デザインはもっと広い意味を持って使われています。さらに、工学系のエンジニアとデザイナのコラボレーションも多くなってきていて、「設計」という言葉には古臭ささえ漂うように感じられる世の中になっていると思います。

橋爪　デザインという言葉は、当初のニュアンスを超えて、幅広い意味で使われるようになっていると。

黒須　HCD を「人間中心デザイン」と訳す傾向は、デザイン思考を推進している人たちの間で始まったものですが、規格の名称も「人間中心設計」から「人間中心デザイン」にしても良いのではないかと考えました。僕は、話をする機会があるたびに、design は「デザイン」と統一的に訳すことを推奨してきましたが、これは僕の個人的嗜好というよりは、デザイン界が今後広範に展開していくなかで、適切な訳語であると考えるようになったのです。

橋爪　なるほど、言葉の意味やニュアンスは時代によって変化するから、そうした動きに合わせようという考え方ですね。これは私の所属が社会学部だからかもしれませんが、学生に話をするときに「設計」と言うと「なんだか難しそう」という反応が返ってきます。でも、「要するに、デザインすることですよ」と伝えると、興味を持ってくれることがあります。

　JIS 規格での訳し方を変更することについては、「使用性」から「ユーザビリティ」、「利用者」から「ユーザ」、「利害関係者」から「ステークホルダ」などのように、これまでにも行われてきたことではあります。なので、JIS 規格での用語の訳をより一般的な訳し方に変更していこうとする流れのなかで、そのうち「人間中心デザイン」と訳すことが議論される可能性は大いにあると思います。一方で、これまでに変更されてきた訳し方がすべてカ

タカナ語を用いるという形だったがゆえに、「カタカナ語ばかり増やすな」といった批判が委員の意見やパブリックコメントとして出される可能性もあるので、規格における変更はなかなか一筋縄ではいかないところだと思います。

黒須 あくまでも邦訳における問題ですが、どういうメンバーで委員会を構成するかで変わってきそうですね。さて、ちょっと話を JIS Z 8530:2021 の箇条 4 のことに戻してみると、ISO の文面とその企業関係者による受け止め方って乖離しているんじゃないかなと思うわけです。つまり、企業関係者には基本的にはまず「売れるものをつくらなきゃ」という意識がありますよね。それが「だったらユーザが喜ぶものをつくらなきゃね」という意識となり、それが ISO や JIS の規格では HCD という概念でオーソライズされてるから、後はそのキーワードのイメージをベースにやっていくか、という間接的な流れなんじゃないかなという気がするんです。要するに HCD を規格で記述してある通りに厳密に使おうとする人はとても少なかったように思います。もちろん、だからといって規格から厳密性を取り外してしまって良いということではありませんが。

ネガティブな見方かもしれませんが、規格の内容をちゃんと読みこんでいた方が予想外に少なかったことは、HCD という概念についてそうしたイメージ的な理解をされた方が多かった、あるいは便利なキーワードとして使われる方が多かったのではないかと思うんです。言ってみれば HCD というのはシンボルワードであって、しかもそれが規格化されていてお墨付きにもなる、というのが実際のところだったんじゃないでしょうか。

つまり、「人間中心」、「ユーザ中心」というキーワードやプロセス図だけが受け止められて、あとは各自のなかでイメージを膨らませて、それが HCD の活動なのだ、と考えている部分が大きいのではないか、というような気がするんです。

橋爪 まず、規格の内容をちゃんと読み込んでいた方が予想外に少なかったことについては、JIS Z 8530:2019 の影響力が強くて、まだ JIS Z 8530:2021 が浸透していないことは大きいように思っています。JIS Z 8530:2019 を読まれた方は、やはり難しい、これでは読んでもらえないとおっしゃるんです

よ。ご担当いただいた日本規格協会の方も、JIS 規格というのは国家文書なのに、難しすぎて専門家しか読めないようになってしまっているとおっしゃっていたんですね。

そういったこともあって、JIS Z 8521:2020 と JIS Z 8530:2021 の原案作成の際には、高校生も含めて可読性の検討をして、なるべく平易な表現を用いるように努めました。とはいえ、JIS 規格で使用できない用語や言い回しというものがあるので、十分とは言えませんが、JIS Z 8530:2019 と比較したらとても読みやすくなったという声は聞いています。

正確な数は公表できないそうですが、人間工学関連の規格の中では JIS Z 8530 は最も部数の実績があるそうです。ただし、売れている、あるいは読みやすくなったからといって、広く細かく読んでもらえているかというと、そうではないので、この規格ができた背景や経緯、意義を規格の原案作成に携わってきた者が伝えていかなくてはいけないとは思っています。

それから、黒須先生のご指摘についてですが、インタビューの中でも、専門家ではない人から、目から鱗のような何かが出てくるのではないかと、過度に期待をされてしまうことがある、というようなお話もありましたが、各自の中でイメージが膨らんでいってというのは、そのような意味でしょうか。

黒須　期待をこめて細部の確認をしないまま、イメージが膨らんでしまった、ということはあるんじゃないでしょうか。

橋爪　期待を込めてイメージが膨らんでしまう、あるいはキーワードが独り歩きしてしまうという点では、UX という言葉のほうがまさにそうだったと思っています。HCD については、幸か不幸かバズワードとはならなかったので。

ただ、どちらかというと、製品やシステム分野とサービス分野での違いもそうですが、担当されているお仕事にも意識の違いがあるように思いました。技術者の人たちは、様々な製品がデジタル化していくなかで、ユーザビリティの問題に直面して、それをどのように改善していけばいいのかという問題に熱心に取り組まれて、HCD というキーワードに行き着いたという印象です。もちろん、サービス分野の皆さんも頑張っていらっしゃるとは思い

- - - - -

ますが、先程もお話ししたように、製造業の皆さんの場合には、規格やガイドラインを重視する文化が根付いているという文化の違いも関係していると思います。

黒須　たぶん、そうした流れがあったとは思うのですが、その時に規格本文を読むということは、かなりハードルの高い作業になってしまうのではないか、とも思います。ISO 9241-210:2019 について、次の改定があるとしたら僕は、まずコンパクトにすること、重要な点を強調することにして関連ありそうだからといって余計なキーワードや文章は削除することが必要だと思っています。そうでないと、実際の活動に活かせないということが起こるように思うのですが、橋爪さんの立場からするとどうでしょう。

橋爪　そもそも、ISO や JIS の規格はガイドラインではないので、それがそのまま個々の業務に完全な形で適用できることはないと私は思っています。ISO 9241-210:2019（JIS Z 8530:2021）は、HCD の原則とそれに関連する活動のための要求事項や推奨事項を規定したものです。規格の中でも、「HCD に関連する活動の概要や HCD の計画については扱うが、HCD に必要な手法や技術の詳細、プロジェクトマネジメント全体は扱わない」というような内容が書かれています。

　また、HCD というと、HCD の活動の相互関連性の図、いわゆるプロセス図をイメージされる方が多くて、HCD の活動を最初から順番にやらなくてはいけないように思ってしまっている方や、これを図のように回していくのが HCD、みたいなことを言ってしまう専門家もいたりします。おそらく、こういう方々は、規格を全く読んでいないんだろうな、と思っています。実際には規格の中では HCD の活動について、「プロジェクトに応じて、適切な活動から取り組むことが可能」というようなことが書かれているんですよ。

　なので、HCD の要求事項や推奨事項に準拠できない、といった形ではなく、取り組めるところはどこか、どのようにしたらうまく HCD のエッセンスをプロジェクトに組み込んでいけるのかという形で、プロジェクトに合わせてある程度の柔軟性をもって行っていくというのが、現実的で正しい規格の使い方なんだと思っています。

　とはいえ、ユーザ要求事項というのは設計開発の全体にわたって重要になってくるものなので、それを抽出するための現場でのユーザ調査やその分析は、丁寧にされるのが望ましいと考えています。

黒須　今回のインタビューを振り返っての現在の実態としても、ISO 9241-210:2019（JIS Z 8530:2021）は、HCD という概念の依拠する場所になっているし、その意味での重要性はあるけれど、それを厳格に守ることを期待されてはいない、ということなのかもしれませんね。おそらく、そうすることは無理でもあるでしょう。この規格の関係者が、実際にどこまで、どのように規格が受容されているかをあまり知らずにいる、ということも、今後の課題のひとつといえるでしょうね。

橋爪　規格が企業の皆さんに実際にどのように受容されているかについては、本書の PART 2 で現場の声をまとめてありますので、現在の実態を理解するのに本書が役立つと非常に嬉しいですね。また、私は最近の HCD やその関連規格の改定、JIS 規格の原案作成にかかわってきたので、規格そのものを読んでもらえるのであれば、それはまぁ嬉しいことではありますが、規格を隅から隅まで読み込む必要性というのは特に感じていません。それでも、規格がつくられた背景や経緯、意義、そしてそこで使われている言葉の意味を正しく理解したうえで、プロジェクトに応じて HCD のエッセンスをうまく適用してもらえると良いかな、と思っています。

　そのあたりを伝える側として、私たちの仕事はまだまだありそうかな、というのが本書の執筆やインタビューを通して強く実感したことです。黒須先生は、退職されたから縁側でお茶でも飲んでぼんやり…とかお考えだったかもしれませんが、そんなことをして、おちおちボケてもいられないんですよ。

黒須　何その、昭和のジジイみたいなイメージ…いや、昭和のジジイではありますが。でも僕は実際のところ、きちんと後継者を教育してこなかった責任は感じているので、もう少しだけ頑張りたいと思います。橋爪さんには、後継者候補として、僕ができなかった教育面も含めて、長く頑張っていって欲しいです。

橋爪　ありがとうございます。幸いなことに私は、社会学部なのに「設計

コース」というところに属していて、学部教育のレベルで、社会学や心理学の知識や手法をどのように設計に生かしていくのかということを、若い人たちに教えて、社会に送り出すことができる立場にいます。人の教育というのは難しくて大変だなぁと常々感じていますが、同時に非常に重要なことでもあるので、試行錯誤しながら頑張りたいと思います。黒須先生とも、以前の所属から継続している社会人向けの講座もありますが、このような形で幅広い範囲の方々を対象として HCD の教育に携われているのは、ラッキーなことなんでしょうね。それで、まぁ黒須先生とは、もう少しだけということで（笑）。

黒須　なんかそう煽られると、もっと長くやってやるぞという気になってしまって悔しいですが、まだしばらくはお互いに頑張りましょう。体が元気で、頭が動いているうちはね（笑）。

橋爪　はい、まだしばらくは（笑）。

- - - - -

引用文献

安藤昌也（2016）『UX デザインの教科書』、丸善出版

Bevan, N., Carter, J., and Harker, S.（2015）"ISO 9241-11 Revised: What Have We Learnt About Usability Since 1998?" HCII Proceedings

福住伸一、池野英徳、氏家弘裕、横井孝志（2014）『特集②：人間工学国際規格（ISO）とその最新動向（4）—SC4: 人とシステムのインタラクション—』、日本人間工学会「人間工学」、Vol.50（4）、pp.164-169

ISO 9001:1994（1994）"Quality Systems – Model for Quality Assurance in Design, Development, Production, Installation and Servicing"

ISO 9126:1992（1992）"Software engineering—Product quality"（JIS X 0129-1:2003（2003）" ソフトウェア製品の品質 - 第 1 部：品質モデル "）

ISO 9241-11:1998（1998）"Ergonomic Requirements for Office Work with Visual Display Terminals（VDTs）- Part 11: Guidance on Usability"（JIS Z 8521:1999（1999）" 人間工学—視覚表示装置を用いるオフィス作業—使用性についての手引)

ISO 9241-11:2018（2018）"Ergonomics of Human-System Interaction – Definitions and Concepts of Usability"（JIS Z 8521:2020（2020）" 人間工学 - 人とシステムとのインタラクション - ユーザビリティの定義及び概念 "）

ISO 9241-210:2010（2010）"Ergonomics of Human-System Interaction – Human-Centred Design for Interactive Systems"（JIS Z 8530:2019（2019）" 人間工学 - インタラクティブシステムの人間中心設計 "）

ISO 9241-210:2019（2019）"Ergonomics of Human-System Interaction – Part 210: Human-Centered Design for Interactive Systems"（JIS Z 8530:2021（2021）" 人間工学 - 人とシステムのインタラクション - インタラクティブシステムの人間中心設計 "）

ISO 9241-220:2019（2019）"Ergonomics of Human-System Interaction – Part 220: Processes for Enabling, Executing and Assessing Human-Centred Design within Organizations"

ISO 13407:1999（1999）"Human-Centred Design Processes for Interactive Systems"（JIS Z 8530:2000（2000）" 人間工学 - インタラクティブシステムの人間中心設計プロセス "）

ISO/TR 16982:2000（2000）"Ergonomics of Human-System Interaction – Usability Methods Supporting Human Centred Design"

ISO/PAS 18152:2003（2003）, ISO/TS 18152:2010（2010）"Ergonomics of Human-System Interaction – Specification for the Process Assessment of Human-System Issues"

ISO/TR 18529:2000（2000）"Ergonomics of Human-System Interaction – Human-Centred Lifecycle Process Descriptions"

ISO 20282-1:2006（2006）"Ease of Operation of Everyday Products – Part 1: Design Requirements for Context of Use and User Characteristics"

ISO 20282-2:2013（2013）"Usability of Consumer Products and Products for Public Use – Part 2:

Summative Test Method"

ISO/PAS 20282-3:2007（2007）"Ease of Operation of Everyday Products – Part 3: Test Method for Consumer Products"

ISO/PAS 20282-4:2007（2007）"Ease of Operation of Everyday Products – Part 4: Test Method for the Installation of Consumer Products"

ISO/IEC 25062:2006（2006）"Software Product Quality Requirements and Evaluation（SQuaRE）– Common Industry Format（CIF）for Usability Test Reports"（JIS X 25062:2017（2017）"システム及びソフトウェア製品の品質要求及び評価（SQuaRE）– 使用性の試験報告書のための工業共通様式"）

ISO/IEC 25063:2014（2014）"Systems and Software Engineering – Systems and Software Product Quality Requirements and Evaluation（SQuaRE）– Common Industry Format（CIF）for Usability: Context of Use Description"

ISO/IEC DIS 25066:2015（2015）"Systems and Software Engineering – Software Product Quality Requirements and Evaluation（SQuaRE）– Common Industry Format（CIF）for Usability: Evaluation Report"

狩野紀昭、瀬楽信彦、高橋文夫、辻新一（1984）『魅力的品質と当たり前品質』、日本品質管理学会「品質」、Vol.14（2）、pp.147-156

黒須正明（2020）『UX原論』、近代科学社

中根千枝（1967）『タテ社会の人間関係 – 単一社会の理論』、講談社現代新書

Nielsen, J.（1993）"Usability Engineering" Academic Press（篠原稔和監訳、三好かおる訳（1999）、（2002）『ユーザビリティエンジニアリング原論―ユーザのためのインタフェースデザイン』、第2版、東京電機大学出版局）

Norman, D.A.（1981）"The Truth about UNIX: The User Interface is Horrid", Datamation 27（12）

Norman, D.A.（1986）"Cognitive Engineering" in Norman, D.A. and Draper, S.W.（eds.）（1986）"User Centered System Design – New Perspectives on Human-Computer Interaction", LEA

Norman, D.A.（1988）"The Psychology of Everyday Things" Basic Books（野島久雄（訳）（1990）『誰のためのデザイン？ 認知科学者のデザイン原論』、新曜社）

Norman, D.A.（2013）"The Design of Everyday Things – Revised and Expanded Edition" Basic Books（岡本明、安村通晃、伊賀聡一郎、野島久雄（訳）（2015）『誰のためのデザイン？増補・改定版』、新曜社）

Shackel, B.（1991）"Usability – Context, Framework, Definition, Design and Evaluation", in Shackel, B. and Richardson, S.J.（eds.）（1991）"Human Factors for Informatics Usability" Cambridge U.P.

椎塚久雄（編）（2013）『感性工学ハンドブック：感性をきわめる七つ道具』、朝倉書店

あとがき──対話風に

橋爪 この本は、実は黒須先生を見習ってできあがったところがあります。

黒須 どういうことですか。

橋爪 いつも、黒須先生が怒りを原動力にして、ユーザビリティの研究をされたり、原稿のネタにしたりと、活動されている様子を見ていて、面白いというか、いい意味でとても変な人だなぁと常々思ってきました。

黒須 いやいや、僕は基本がハイテク弱者なもので、いろいろと使い間違いをしたり、使い方がわからなくて立ち往生したりしてしまうことがよくあるのです。そうしたときに、これは僕の性格でしょうけど、自分の能力が低いからだとは絶対に思わず、これは使う人のことを考えてつくられていない、と製造者や設計者に批判の矛先を向けるわけです。それが私憤というか個人的な特異性の部分であれば、時に筋違いな鬱憤にもなったでしょうけど、ノーマンのように、ある程度一般性のある話であれば、そこを起点にして、よりよいモノづくりをすることにつながるはずだ、と信じていたところがあります。ま、橋爪さんにはきれいごとに聞こえちゃうかもしれませんけど。

橋爪 面白がって見ていましたけど、一方で、私は同じようにはなりたくなかったんです。でも、私にも怒りを原動力にするときが、ついにやってきたんです。

黒須 何があったんですか。

橋爪 インタビューの中で、業界では守りに入る人ばかりでやりたいことができないという話もありましたが、私も今の大学で、規格の存在自体も知らない人に、JIS規格を報告書の類で著作物ではない、というようなことを言われました。

黒須 そうだったんですね。ベバンというイギリス人がいて、彼は優秀な人物だったのに、書籍や論文をあまり書かず、もっぱら精力を規格の作成や改

定に注ぎ込んでいました。あるとき、「どうして本を書かずに規格を書いてるんだ」と質問をしたんです。すると彼は、「規格のほうが多くの人に読んでもらえるし、社会的な影響力があるからだ」と答えていました。うーん、そういうスタンスもあるのか、とそれなりに納得しましたけど、彼の場合には、ISO の規格はそれこそ精力をつぎ込んだ作品であり、単なる報告書の類だなんて言われたら本気で怒り出していたでしょうね。

橋爪　彼には学生時代からお世話になってきましたが、私が大学院で学びだした「感性工学」の話をすると、大変興味を持ってくれました。まだ当時はアジア圏の参加者ばかりだった感性工学に関する国際会議にも、毎回参加してくれるようになって、とても嬉しかったのを覚えています。そういった活動を通しての議論の一部が、ISO 規格の中にも盛り込まれた部分も垣間見えて、振り返ると、彼の活動はすべてが ISO 規格のためだったように感じています。

　私の場合には、彼のように精力をつぎ込んだとまではいかないのに、腹が立ちました。とはいえ、JIS の原案作成の際には委員の皆さんとも何十回にもわたって議論を重ね、本当に申し訳ないくらいに協力をしていただいたので、それなりに大変な思いをしながら、ようやく JIS の出版まで至ったというのがあったんだと思います。

　それで、じゃあ「著作」として出せば文句ないだろうと思って、学内の出版助成金を獲得して、この本を出そうとした次第です。そのほかにも、日本感性工学会の著作賞に推薦してもらって、2021 年の 3 月に公示された JIS Z 8530 は、2021 年の著作賞をいただきました。それと、ISO や JIS の委員会の活動をより良い形で続けていくためには、完全なボランティアではなく多少のメリットもないと、長く続けたり優秀な人に組織に入ってもらったり、後継者を育てていったりすることができないなと感じていました。それで、日本人間工学会の ISO/TC159 国内対策委員会（JENC）の主査の方に相談して、表彰制度をつくってもらいました。これらの原動力は、振り返るとすべてあの怒りだったんです。

黒須　そういった橋爪さんの怒りに僕も巻き込まれたと。

橋爪　はい。黒須先生には、退職されてゆるっと過ごしているなか申し訳な

かったな、と思いつつも、絶対に乗ってきてくれると思って打診しました。

黒須 いや別にのんびり遊んでたわけではないんですがね。ま、その辺はやられたというか、助成金の話でどんな本を書くのかが見えていなかったので、他人事ながら気になっていて、気が付くと橋爪さんの尻を叩く係になっていました。

橋爪 コロナへの対応に追われていたのもあり、大学の学期中にはなかなか進められずにいて、言い出しっぺが動き出すのが遅くて申し訳ありませんでした。大学も一応組織ですから、組織の中で働いていると、いろいろな制約があるんですよ……って、インタビューから得た話を勝手に言い訳にしておきます。

黒須 共立出版の皆様には、急な飛び込み企画だったにも関わらず、とても好意的に受け止めていただけて感謝しております。

橋爪 そうですね。共立出版の皆様には、まず企画を持ち込むまでにも時間をかけてしまったために、大変タイトなスケジュールを強いることになってしまい、大変申し訳ありませんでした。お引き受けくださり、誠にありがとうございました。改めて感謝申し上げます。また、お忙しい中、インタビューにご協力いただき、細かく原稿の確認もしてくださったインフォーマントの皆様にも改めてお礼申し上げます。さらに本書は、本学イノベーション・マネジメント研究センターの2021年度研究書出版補助費により刊行されたものです。この場を借りて、深く御礼申し上げます。

索　引

著者紹介

橋爪絢子（はしづめ　あやこ）

2011 年　筑波大学大学院人間総合科学研究科 感性認知脳科学専攻 博士後期課程修了
現　　在　法政大学社会学部 専任教員，博士（感性科学）
専　　門　感性工学，人間工学，HCI
主要著書　『HCD ライブラリー 第 5 巻 人間中心設計におけるユーザ調査』（2021年，近代科学社，共著），"Cuteness Engineering: Designing Adorable Products and Services"（2017 年，Springer International Publishing，共著），『感性工学ハンドブック』（2013 年，朝倉書店，共著）ほか

黒須正明（くろす　まさあき）

1978 年　早稲田大学大学院文学研究科心理学専修 博士後期課程単位取得満期退学
現　　在　放送大学教養学部 名誉教授
専　　門　ヒューマンインタフェース
主要著書　『HCD ライブラリー 第 5 巻 人間中心設計におけるユーザ調査』（2021年，近代科学社，共著），『UX 原論』（2020 年，近代科学社，単著），"Theory of User Engineering"（2016 年，CRC Press，単著）ほか

法政大学イノベーション・マネジメント研究センター叢書22

現場の声から考える
人間中心設計
Considering the Human Centered Design in Actual Work Places

2022 年 3 月 30 日　初版 1 刷発行

検印廃止
NDC 501.8

ISBN 978-4-320-07200-8

著　者　橋爪絢子・黒須正明 © 2022
発行者　南條光章
発行所　共立出版株式会社
〒 112-0006
東京都文京区小日向 4 丁目 6 番 19 号
電話 03-3947-2511（代表）
振替口座 00110-2-57035
www.kyoritsu-pub.co.jp

印　刷　藤原印刷
製　本

一般社団法人
自然科学書協会
会員

Printed in Japan